微生物学

大 木 理 著

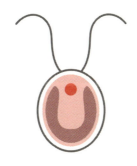

東京化学同人

は じ め に

　微生物は肉眼では見ることができない微小な生物の総称で，動物や植物とともに地球の生物圏を構成する巨大なグループである．微生物学は微生物を対象とする科学であり，食品の発酵や腐敗の制御，ヒトや動物の病原体の解明などの研究から始まった．この科学は20世紀に入ると生物学と融合し，その後も医学，薬学，農学，食品科学，環境科学などの学問領域を支えてきた．分子生物学の発展，そして，バイオテクノロジー，組換えDNA技術をもたらした．2015年度のノーベル賞に大村 智博士の業績が選ばれたことからもわかるように，医療や産業技術，環境保全などの応用領域でも貢献している．このように微生物学は私たちの生活とも深く結び付いており，現代人として身につけるべきバイオサイエンス領域の一つである．

　現在の高校教育では微生物についての項目は少なく，断片的なので，微生物学は大学で初めて学ぶことになる学生にとって困難な科目の一つである．微生物学の教科書はこれまでにも数多く刊行されているが，ほとんどが医学や看護学などのための基礎知識を列挙したもので，基礎から応用までの全体像を理解できるものは少ない．私自身長年にわたって微生物学の講義を担当してきたが，適当な教科書がなくて苦労した．そこで，予備知識が少ない学生が抵抗なく使うことができ，必要な内容をバランスよく学ぶための教科書をめざして本書を作成することにした．植物ウイルス学の研究者にすぎない私にとって微生物学全体の教科書を新しく編むことは大きな挑戦であったが，学生にとってわかりやすく使いやすいものができたとすれば幸いである．

　本書では大学の農学部，理学部，生命科学部，理工学部などでの講義を想定し，微生物の性質，分類，人間生活との関わりに区分し，重要な実験技術も付記した．生活科学部や看護学部など，あるいは教養科目の教科書としても役立てていただけることと思う．各章の末尾にはその章の要点をまとめ，巻末には参考図書リストを収めた．本文欄外には重要な用語とその英語を付記し，巻末に和文索引とともに欧文索引を付けたので，簡単な用語辞典としても活用してほしい．本書を使って予習・復習することにより，微生物学の基礎的な知識と考え方は十分に習得できることと思う．講義に加えて，実物に触れての実験と実習が不可欠であることは言うまでもない．本書では踏み込んだ解説や議論は割愛したので，実際の講義では講義担当者がトピックスも加えて学生たちの好奇心に火を付けてほしい．

　本書は大阪府立大学での，これまでの私の講義資料をもとにして作成した．巻末に示した参考図書以外にも，内外の多くの教科書，学術論文，シンポジウム資料，ウェブページなどを参考にさせていただいた．また，毎回の私の講義の小テスト用紙に，思いもよらない質問を記入してくれた学生の皆さんにも感謝している．

　講義資料を教科書として再構成するに当たっては，多くの方々にお知恵を拝借すると

同時にご協力をいただいた．特に，奥田誠一博士（元宇都宮大学農学部），山手丈至博士，川口剛司博士，望月知史博士（いずれも大阪府立大学大学院生命環境科学研究科）にはご校閲をいただくとともに，多くの有益なコメントをいただいた．森田健二氏（日本植物防疫協会資料館）には貴重な情報をご教示いただいた．また，東京化学同人の橋本純子さんには本書の企画を，高木千織さんには丹念な編集作業をしていただいた．本書の完成までの間にご援助いただいた多くの方々に，改めて心から感謝する．

2015 年 12 月

大 木 理

目　次

I　微生物学とは

1. 微生物と微生物学 ··· 3
1・1 微　生　物 ·· 3
1・2 微　生　物　学 ·· 4

2. 微生物学の歴史 ··· 6
2・1 人間と微生物の関わり ·· 6
2・2 微生物の発見 ·· 6
2・3 生命の自然発生説についての論争 ···························· 7
2・4 微生物の発酵における役割 ··································· 8
2・5 病原体としての微生物 ·· 9
2・6 近代科学としての発展 ·· 10
2・7 生命科学への貢献 ··· 11

II　微生物の性質

3. 微生物の基本構造 ··· 17
3・1 原　核　細　胞 ·· 17
3・2 真　核　細　胞 ·· 20
3・3 ウイルス粒子 ·· 22

4. 微生物の代謝 ·· 24
4・1 代　　　謝 ··· 24
4・2 エネルギー生産 ·· 24
4・3 生体高分子の生合成 ·· 27

5. 微生物の増殖 ·· 29
5・1 増　殖　と　栄　養 ··· 29
5・2 生育のための環境条件 ·· 30

6. 変異と遺伝的組換え ·· 34
6・1 変　異　と　適　応 ··· 34
6・2 遺伝的組換え ·· 37

7. 分布と生態 ·· 40
7・1 自然界における分布 ·· 40
7・2 共　生　と　寄　生 ··· 41

III　微生物の分類

8. 生物の分類システム … 49
  8・1　生物の分類 … 49
  8・2　生物の大分類 … 50
  8・3　真核生物の多様性 … 53

9. 細菌と古細菌 … 56
  9・1　原核生物と二つのドメイン … 56
  9・2　細　　　菌 … 59
  9・3　古　細　菌 … 66

10. 原 生 生 物 … 68
  10・1　原　生　動　物 … 68
  10・2　藻　　　類 … 71
  10・3　変　形　菌　類 … 76
  10・4　鞭　毛　菌　類 … 78

11. 菌　　類 … 81
  11・1　菌　界　の　菌　類 … 81

12. ウ イ ル ス … 86
  12・1　ウイルスとその性質 … 86
  12・2　ウイルス様の感染因子 … 90

IV　微生物と人間生活

13. 病気と食品の腐敗 … 97
  13・1　ヒトと動植物の病気 … 97
  13・2　食品の腐敗と生物劣化 … 102

14. 発酵と産業利用 … 107
  14・1　伝統的な微生物利用 … 107
  14・2　発酵工業生産 … 112
  14・3　微生物の産業利用技術 … 114

15. 地球環境と微生物 … 116
  15・1　水処理と環境浄化 … 116
  15・2　地球上の物質循環 … 118
  15・3　地球の歴史と微生物の進化 … 120

V 微生物学の実験技術

16. 微生物の取扱い方 ……………………………………… 127
16・1 分離と培養 …………………………………………… 127
16・2 顕微鏡による観察 …………………………………… 128
16・3 同　　　定 …………………………………………… 130
16・4 定量と保存 …………………………………………… 131
16・5 滅菌と消毒 …………………………………………… 131
16・6 実験の安全とバイオセーフティ …………………… 132

おもな参考図書 ……………………………………………… 135
和文索引 ……………………………………………………… 136
欧文索引 ……………………………………………………… 144

重要な用語とそれらの英語表記

1. 重要な用語は太字で示し，英語を付記した．
2. 英語の用語は原則として単数形で示した．
3. 集合名詞など複数形で表記する必要がある場合には [*pl.*] を付け，単数形がわかりにくい語には単数形も示した．
4. ラテン語起源の生物学用語には，単数形と複数形で英語とは違った語尾をもつものがあるので注意する．単数形で -us を語尾にもつ用語は，複数形では語尾が -i に，単数形で -a を語尾にもつものは，複数形では語尾が -ae に，単数形で -um を語尾にもつものは，複数形では語尾が -a に，単数形で -ma を語尾にもつものは，複数形では語尾が -mata になる．これらの複数形は括弧付きで示すので，語尾変化も確認してほしい．

[例]	単数	複数
	nucleus	nuclei
	alga	algae
	bacterium	bacteria
	medium	media
	plasmodesma	plasmodesmata

□絵 1　特異な微生物が生息する大西洋海底の熱水噴出孔. 7章 p.40 参照.

□絵 2　ミズナラ樹皮や岩石上のウメノキゴケ類などの地衣類. 多くは子嚢菌類と緑色藻類との共生体. 7章 p.42 参照.

□絵 3　池に発生したアカウキクサ. 緑色の葉はヒシ. 7章 p.43 参照.

□絵 4　貯水施設に発生したアオコ. 9章 p.59 参照. 出典：農林水産省ホームページ（http://www.maff.go.jp/j/nousin/kantai/tekiou/ aoko_sankou.html）

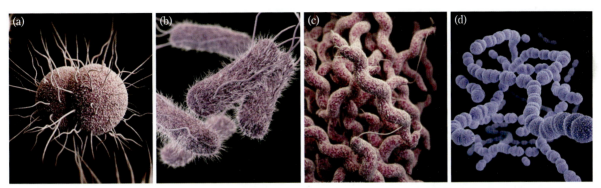

□絵 5　細菌のコンピューターグラフィックモデル. (a) ベータプロテオバクテリアの淋菌, (b) ガンマプロテオバクテリアのチフス菌, (c) イプシロンプロテオバクテリアのカンピロバクター, (d) フィルミクテス類の肺炎レンサ球菌. 9章 p.61～63 参照. 出典：CDC/James Archer

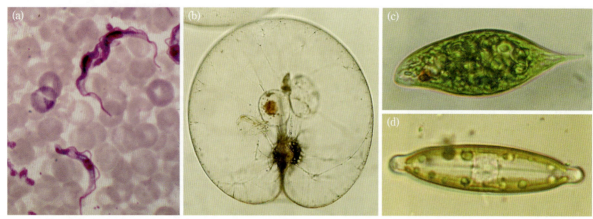

□絵6　原生生物．(a) ミドリムシ類のトリパノソーマ原虫．アフリカ睡眠病患者の血液標本．ギムザ染色による．(b) 渦鞭毛虫類のヤコウチュウ，(c) ユーグレナ藻類のユーグレナ（ミドリムシ），(d) 不等毛藻類の珪藻類．10章 p.69〜73 参照．出典：(a) CDC/Dr. Mae Melvin，(b)〜(c) 鈴木雅大（ホームページ「生きもの好きの語る自然誌」提供）

□絵7　ウンシュウミカンに発生した *Penicillum italicum* によるカンキツ青かび病．11章 p.83 参照．

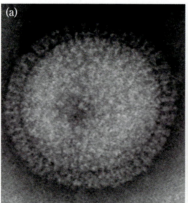

□絵8　インフルエンザウイルス．(a) ウイルス粒子の電子顕微鏡写真，(b) 構造モデル．エンベロープ表面に赤血球凝集素（水色）とノイラミン分解酵素（青色）が分布し，内部に一本鎖DNAとタンパク質の複合体がある．13章 p.101 参照．出典：CDC/(a) Dr. F. A. Murphy，(b) Dan Higgins

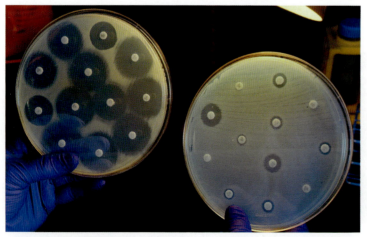

□絵9　抗生物質耐性の検定．左は感受性菌で右はほとんどの抗生物質に強い耐性を示す耐性菌．14章 p.113 参照．出典：CDC/James Gathany

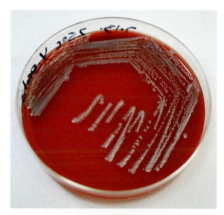

□絵10　ヒツジ血清培地上のペスト菌のコロニー．画線法による．16章 p.128 参照．出典：CDC/Megan Matias and J. Todd Parker

微生物学とは

1 微生物と微生物学

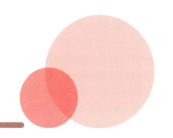

微生物とはどのようなものだろう．科学のなかでの微生物学の位置づけも考えよう．

1・1 微 生 物

微生物学は微生物を対象とする科学であり，微生物の各グループについて知るとともに，微生物の機能について学ぶ．では，微生物とはどのようなものだろうか．

微生物という言葉は分類学上の科学用語ではなく，肉眼ではほとんど観察できないほどの微小な生物の総称である．おおむね，直径 1 mm 以下のさまざまな生物をさすことになる．なお，ウイルスは細胞構造を備えないために一般には生物とされないが，微生物には含まれ，微生物学の対象になる．

微生物には多様な生物群が含まれるが，伝統的な分類群でいうと，**ウイルス**，**細菌**，**原生生物**，**菌類**のおもに4群になる．これらのうち，細菌は**原核生物**であるが，原生生物，菌類などは**真核生物**である．なお，細菌は系統進化的には**細菌**（バクテリア）と**古細菌**（アーキア）とに分かれるので，微生物全体は細菌，古細菌，真核生物の3グループにわたる．おもな微生物群の大きさは図 1・1 のとおりである．

一口に微生物といっても，きわめて多様である．地下の深い地層の土壌や深海の熱水噴出孔などの，地球上の極限環境とよばれる環境で生育する微生物も発見されるようになった．生態学的にみると，微生物は生産者，消費者，分解者というすべての栄養段階と密接に関係している．微生物は他の生物と共生したり，またその生物に病気をひき起こすなどさまざまな形で関わっている．また，生態系の**デトリタス**の分解は，細菌や菌類などの微生物活動に任されている．後で述べるように微生物は物質循環でも大きな役割を果たしており，地球の生物圏が存続するには微生物の活動が欠かせない．

微生物は医学や農学を中心として，人間生活とも深く関わってきた．ヒトの病気も，多くは微生物の感染によって起こる．微生物活動によってできる酒類や乳製品，あるいは抗生物質などは，私たちの豊かな生活を支えている．ヒトの腸内細菌も，健康維持に不可欠な存在であることが明らかになってきた．一方，バクテリオファージや大腸菌などのように，小さく，増殖が速くて実験的な取扱いが簡単な微生物は研究材料としても広く利用され，遺伝学や分子生物学の発展を支えてきた．近年は，遺伝子クローニングや PCR（ポリメラーゼ連鎖反応）などのような微生物利用技術はバイオテクノロジーの基盤として，研究用としてはもちろん産業界で

微生物学 microbiology

微生物 microorganism, microbe

ウイルス virus

細菌 bacteria [*pl.*]（単数形 -rium）

原生生物 protist

菌類 fungi [*pl.*]（単数形 -gus）
糸状菌，真菌類ともいう．

原核生物 prokaryote

真核生物 eukaryote

細菌 bacteria [*pl.*]

古細菌 archaebacteria [*pl.*]

デトリタス detritus　生物遺体や生物由来物質の破片，それらの排泄物を起源とする有機物．

も広く利用されるようになった．この地球上の38億年以上といわれる生命進化の歴史もそのほとんどは微生物の歴史であり，ヒトの身体を構成する真核細胞も微生物どうしの共生によって成立したと考えられている（図3・6参照）．

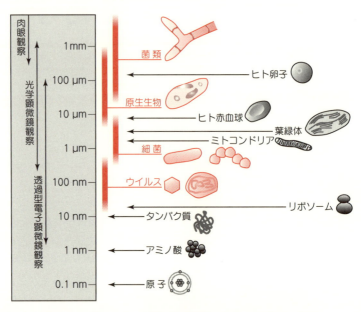

図1・1　ウイルス，細菌，原生生物，菌類の大きさの比較

1・2　微生物学

　科学としての微生物学は長い歴史をもち，基礎から応用までの広範な分野をもつ．微生物学は発酵や腐敗の制御，ヒトや動物の病原体の解明のような実用的な必要性から始まり，純粋培養法の確立や顕微鏡の進歩，そして，地球の物質循環における微生物の役割の解明に伴って，近代科学として発展してきた．20世紀に入ると生物学と融合し，遺伝子の機能，遺伝子本体の解明に大きく寄与した．その後近年に至って，遺伝子組換え技術や再生医療技術の確立などにも貢献している．この過程で微生物学は医学や農学はもちろん，遺伝学，分子生物学，食品科学，環境科学などの発展を支え，医療や農業技術，食品産業，環境保全などの領域でさまざまな役割を担うようになった．

　微生物学は医学，獣医学，看護学，保健学，薬学などの重要な基礎学問であり，農学や食品科学，生活科学，環境科学，バイオテクノロジーなどを学ぶうえでも欠かせない．微生物学と関連するおもな科学分野の関係は，たとえば図1・2のように示すことができる．

❀ ま と め

- 微生物学は微生物を対象とした科学である．
- 微生物とは，肉眼で観察できないほど微小な生物の総称である．

図 1・2 微生物学と関連するおもな科学分野

- 微生物のおもな分類群は, ウイルス, 細菌, 原生生物, 菌類である.
- 微生物全体は細菌, 古細菌, 真核生物の3グループにわたる.
- 微生物は多様で, 生態系でさまざまな役割を担っている.
- 微生物は医学や農学を中心として人間生活とも深く関わってきた.
- 微生物は研究材料としても広く利用され, 遺伝学や分子生物学の発展を支えてきた.
- 科学としての微生物学は長い歴史をもち, 基礎から応用までの広範な分野をもつ.
- 微生物学は医学, 農学, 食品科学などの基礎として重要である.

2 微生物学の歴史

人間がどのように微生物と出会い，微生物と関わってきたのかを知るために，微生物学の歴史の流れをたどってみることにしよう．

発酵 fermentation 有機物が微生物により分解される現象．狭義には糖質が酸素がない条件下で分解されてアルコールや有機酸などができる反応をさすが，広義には微生物を利用してアルコール飲料や抗生物質などを製造することをいう．

病気 disease 何らかの原因が継続することによって，生物の生理機能が正常でなくなった状態．

ヒポクラテス（ヒッポクラテス）Hippocrates（BC 460頃–370頃）

感染症 infectious disease 伝染病ともいう．なお，伝染病は感染症のうちでヒトからヒトへ伝染する病気のみをさして使われることもある．

レーウェンフック A. van Leeuwenhoek（1632–1723）

専門教育は受けなかったが，観察結果を記したオランダ語の手紙190通が英訳され，ロンドン王立協会の学術雑誌に公表された．同じデルフト市の商人でもあった画家フェルメールのいくつかの絵のモデルになったとされ，遺産管財人にもなった．

2・1 人間と微生物の関わり

人間が微生物を実体としてとらえ，その機能を科学的に解析できるようになったのは近代になってからであるが，古代の人々も微生物活動の目に見える結果は知っていた．紀元前7000年に古代中国では，米などを原料とした醸造酒をつくっていたらしい．古代オリエントでは，現在とほぼ同じ方法でワインやビールをつくっていたことがわかっている．古代エジプト人は酵母を使ってパンを焼いていた．日本の『古事記』や『日本書紀』にも，スサノオノミコトがヤマタノオロチを退治するために八塩折之酒を使って酔わせたという記録がある．チーズなどの加工食品や味噌などの調味料も古くから使われており，人間はさまざまな形で**発酵**という微生物活動を利用してきた．

一方，人間にとって不都合な微生物活動の代表は**病気**である．古代から人々を病気で苦しめてきたことは，エジプトのパピルス文書や旧約聖書，ヒンドゥー教の聖典，孔子の論語などに記されている．古代ギリシャの医師**ヒポクラテス**は，さまざまな**感染症**の記録を残している．日本でも，天平時代には政権を担当していた藤原四兄弟が天然痘のために相次いで死去し，このような病気の流行が大仏建立のきっかけの一つになったとされる．14世紀初頭に中国で大流行が始まったペストは交易路を通じてイスラム世界に広がり，14世紀中頃にはヨーロッパに達して，わずか5年の間に当時のヨーロッパの総人口の1/4に当たる約25万人の命を奪った．

2・2 微生物の発見

ヒトの病気が伝染することは，中世イスラム世界の科学者たちも知っていた．しかし，微生物を実際に観察して記録に残したのは，17世紀のオランダ人**レーウェンフック**である．彼は織物商人であったが趣味のレンズ磨きが高じて顕微鏡づくりに熱中し，1677年に自作の顕微鏡によって池の水の中に，現在の分類では原生生物のウズムシに当たる単細胞の"小動物"を発見した．彼の単眼顕微鏡の倍率は300倍にも達したという．1684年には歯垢のなかに細菌を発見し（図2・1），その

後ヒトの毛細血管中の赤血球や精子も観察している．彼は細菌，原生動物，藻類，酵母などについて正確な図を残し，微生物学の父とよばれるようになった．

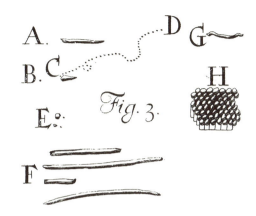

図2・1　レーウェンフックが観察した口腔細菌のスケッチ
Van Leeuwenhoek (1684) *Phil. Trans Roy. Soc. London* 14: 568-574;doi:10.1098/rstl.1684.0030 より．

2・3　生命の自然発生説についての論争

　レーウェンフックによって微生物の実在が明らかになると，生命の起源についての論争が活発になった．古代ギリシャの哲学者アリストテレス以来**自然発生説**といって，生物は無生物から発生すると考えられてきた．一方で，生物は目に見えない卵や種子から発生すると主張する学者もあった．

　イタリアの医師**レディ**は1668年に，腐敗した肉に発生するウジはハエの幼虫であり，肉を瓶に入れて開口部を目の細かいガーゼで覆うとハエが卵を産みつけることができないためにウジが発生しないことを示した．また，イタリアの博物学者**スパランツァーニ**は1765年に，フラスコ内のスープを十分に加熱すると微生物の発生を防ぐことができることを示し，フラスコの口を密封する実験により，加熱したスープに新たに発生するように見える微生物は空中から運ばれてくる可能性を示した．微生物学に**滅菌**という概念を導入したのは彼が最初である．これを実用技術にしたのはフランスの菓子職人**アペール**で，1804年に瓶詰の食品を十分加熱後に密封して食品を長く貯蔵できる方法を考案した．この新しい保存技術はその後缶詰として改良され，広く利用されることになる．

　生命の自然発生説の否定に大きく貢献したのは，フランスの微生物学者**パスツール**である．彼は1861年に"白鳥の首のフラスコの実験"を行って，スパランツァーニの実験で密封したフラスコ内に微生物が発生しなかったのは新鮮な空気が送られなかったためではないかという批判を実験的に否定した．白鳥の首の形に首を伸ばして曲げたフラスコでは空気は通じていたが，空気中の微生物が内部のスープまで到達できないために微生物は増殖しなかった（図2・2）．また，首の根元を折ると空気中から微生物が入り，それがもとになって微生物が増殖することを確かめている．

アリストテレス Aristoteles（BC 384–322）彼は生命の胚種が世界に広がっていて，それが物質を組織して生命ができると考えた（**胚種説** germ theory という）．

自然発生説 spontaneous generation theory

レディ F. Redi（1626–1697）

スパランツァーニ L. Spallanzani（1729–1799）

滅菌 sterilization　対象物に含まれる微生物量を限りなくゼロに近づける操作．殺菌という用語も使われるが，これは厳密には微生物を死滅させるための操作をいう．**消毒** disinfection は対象物に含まれる微生物量を害がないレベルまで下げる操作をいう．

アペール N. Appert（1749–1841）

パスツール L. Pasteur（1822–1895）

牛乳やワインの腐敗を防ぐ方法，カイコの微粒子病の病原体の発見と予防法の確立，狂犬病ワクチンの開発など，広範囲の業績を残した．1887年にパリに開設したパスツール研究所は，現在も感染症や免疫学などの世界的な研究拠点の一つである．

第 I 部 微生物学とは

ティンダル J. Tyndall（1820-1893）チンダル現象を発見したことで有名.

芽胞 spore 一部の細菌がつくる耐久性が高い細胞構造. 内生胞子 endospore とよぶこともある.

パスツールは実験に肉のスープを用いたが，枯れ草の煮汁の場合には長時間加熱しても微生物が発生した．この問題に取組んだのは英国の物理学者**ティンダル**である．彼は1877年に，枯れ草に由来する細菌には加熱で死滅する増殖型細菌の状態と高熱に耐える**芽胞**の状態とがあることを発見した．また，このような芽胞形成菌は，3日間15分ずつ加熱する間欠滅菌法によって完全に滅菌できることを示した．

図 2・2　パスツールが使った白鳥の首のフラスコ
Pasteur (1861) *Ann. Sci. Nat.* 16:5-98. より.

2・4　微生物の発酵における役割

カニャール・ドゥ・ラ・トゥール C. Cagniard de la Tour（1777-1859）

シュワン T. Schwann（1810-1882）組織学，細胞学の研究で知られる. 代謝 metabolism という用語をつくった.

キュッツィング F. T. Kützing（1807-1893）

低温殺菌 pasteurization　日本の清酒醸造ではこれより400年以上前から"火入れ"による微生物制御が行われていた．佐竹氏に伝わる『御酒之日記』(1489年)，奈良興福寺学僧による『多聞院日記』(1568年) などに記録がある．

好気性 aerobic
嫌気性 anaerobic

通性嫌気性 facultative anaerobic

　自然発生説についての論争が続く間に，ワインなどの有機物質を含む液体の化学変化とそこで増殖する微生物との関係が注目されるようになった．1837～38年に，フランスの技術者で医師の**カニャール・ドゥ・ラ・トゥール**，ドイツの生理学者**シュワン**，ドイツの植物学者**キュッツィング**の3人が独立に，アルコール発酵の際に見られる酵母は顕微鏡的生物であって，糖のアルコールと二酸化炭素への変換反応は酵母の生理学的機能によると提唱した．しかし，当時のヨーロッパ科学界は無機化学全盛の時代であり，彼らの主張は強硬な批判を受けた．

　この論争に終止符を打ったのは化学者でもあった**パスツール**である．彼は1857年から1876年にかけて，テンサイ糖からアルコールを醸造する過程で起こる障害が，アルコール発酵の反応の一部が糖を乳酸に変換する別の発酵反応（乳酸菌による乳酸発酵）に置き換わるために起こることを発見した．また，牛乳の酸敗を防ぐために微生物を殺すには，**低温殺菌**といって50～60℃という温度で30分程度加熱すればよいことを明らかにした．その後，乳酸発酵，アルコール発酵，酪酸発酵などのさまざまな発酵反応は，それぞれ特有の微生物によって起こることを証明した．

　パスツールは発酵について，もう一つ重要な発見をしている．彼は1861年に酪酸発酵の反応液を顕微鏡観察している際に，カバーガラス周辺部の空気に触れる部分では細菌が運動性を失うのに，中央部の細菌は活発な運動を続けることに気づいた．この発酵液に通気を行うと発酵反応が遅くなったり止まったりすることを確かめ，発酵には**好気性**のものほかに**嫌気性**のものがあることを発見した．さらに，彼は酵母を含む多くの微生物が酸素が存在する条件では好気呼吸によって多くのエネルギーを得るが，酸素が存在しない条件では発酵によってやや少ないエネルギーを得ることを示し，**通性嫌気性**という性質があることを明らかにした．

その後，1897 年にドイツの化学者ブフナーは，生きた酵母が含まれない酵母磨砕液に糖を加えるとアルコール発酵が起こることを観察し，発酵という現象には生きた細胞が必要ではないことを示した．彼はアルコール発酵を起こすタンパク質様物質を分離し，チマーゼと名付けた．これは**酵素**が生化学的に解析された最初の研究であり，その後の現代生物学の発展に大きな影響を与えた．

2・5 病原体としての微生物

一方，微生物は動植物やヒトの病気の発生にも関わっているのではないかと考えられるようになった．ドイツの植物学者ド・バリーは 1845 年から 1849 年にアイルランドで大飢饉を起こしたジャガイモの病気の原因を研究し，1861 年に現在ではジャガイモ疫病とよばれる病気が菌類の感染によって起こることを初めて明らかにした．また，英国の外科医**リスター**は外科手術後の化膿は細菌感染によって起こると考え，1867 年にフェノールによる消毒法を確立した．

高等動物の病気が細菌感染によって起こることは，ドイツの医師で細菌学者の**コッホ**によって明らかにされた．炭疽病に感染した動物の血液中に桿状の細菌が観察されることは以前から知られていたが，1876 年にコッホは病原菌を純粋培養し，その細菌がヒツジやヤギなどからヒトにも伝染する炭疽病の病原体である炭疽菌であることを明らかにした．パスツールも炭疽病について研究し，コッホの研究結果を追認している．コッホはその後，結核菌，コレラ菌なども発見した．

1884 年にコッホは，病原体同定のための手順を次のように定式化した．

1. ある病気には特定の微生物が見つかること．
2. その微生物を分離して，純粋培養できること．
3. 培養した微生物を健康な宿主に感染させて，同じ病気が起こること．
4. 発病した宿主から同じ微生物が見つかること．

この手順は**コッホの原則**とよばれることになり，その後の病原体同定の基準とされるようになった．

1878 年には米国の植物学者バリルが，リンゴ・ナシ火傷病とよぶ植物の病気が細菌によって起こることを発見した．1885 年にフランスの植物学者ミラルデはブドウベト病の防除剤として"ボルドー液"を開発したが，これは感染症の化学療法の初めての例である．1890 年にコッホのもとで学んだドイツの医学者ベーリングと**北里柴三郎**はジフテリアなどの血清療法を確立した．ヒトの病気の化学合成物質による化学療法を確立したのは同じくコッホ門下のドイツの細菌学者**エールリヒ**と**秦佐八郎**で，1908 年に梅毒の特効薬として有機ヒ素化合物であるサルバルサンを開発した．

動植物を通じて最初に発見されたウイルスは，タバコモザイク病の病原体だった．1898 年にオランダの微生物学者ベイエリンクは，モザイク病にかかったタバコの葉の磨砕液を素焼き陶器製の細菌沪過器に通した液がタバコにモザイク病を起こして植物体内で増殖することを確かめ，病原体が細菌より小さい感染性の生命体であ

ブフナー E. Buchner (1860–1917) 彼が分離したチマーゼは，後に多くの酵素と補酵素の複合体であることが明らかになった．

酵素 enzyme

ド・バリー A. de Bary (1831–1888)

リスター J. Lister (1827–1912)

コッホ R. Koch (1843–1910)

1891 年にベルリンに創立したコッホ研究所は，感染症の病原体や予防法についての世界的な研究拠点として現在も有名である．

コッホの原則 Koch's postulates
コッホの原則の重要な点は，4 番目に再分離の手順を加えたことである．これによって目的の微生物が意図しない汚染（コンタミネーション）によって混入したものでないことを確認できる．なお，ウイルスなど人工培養ができない微生物の同定の場合には，これに準じた手順が行われる．

バリル T. J. Burrill (1839–1916)

ミラルデ P. M. A. Millardet (1838–1902)

ベーリング E. A. von Behring (1854–1917)

北里柴三郎 (1853–1931) コッホのもとで医学を学び，北里大学，慶應義塾大学医学部などを創立した．

エールリヒ P. Ehrlich (1854–1915)

秦佐八郎 (1873–1938)

ベイエリンク M. W. Beijerinck (1851–1931)

ることを明らかにした．その後，多くの病原体がこのような生命体であることが明らかになり，ウイルスとよばれることになる．

2·6 近代科学としての発展

発酵や病原体の研究を進めるためには，それぞれの微生物の性質を詳しく知る必要があった．そのために必要だったのが微生物の純粋培養法である．最初に試みられたのは**希釈法**で，試料を滅菌した液体培地で段階的に希釈してゆき，単一細胞が含まれる段階の微生物を増殖させて純粋培養を得ようとするものである．しかし，この方法は手間がかかるうえに，最初の試料中の優占種しか分離できなかった．そこで，コッホによって考案されたのが**画線法**である．スライドガラス上にゼラチン培地を広げ，滅菌した白金線に少量の試料をつけて培地表面に何回か線を引いて接種すると，画線に沿って現れるコロニーから純粋な微生物を得ることができた．ただし，ゼラチンは 28 ℃以上では液体になってしまい，また，微生物によって分解されるという欠点があった．そこで，コッホの共同研究者のヘッセは料理好きな妻の提案によって，融解温度が高く透明度が高い寒天を使う**寒天培地**を考案した．また，助手のペトリは，そのまま観察できるガラス容器として**ペトリ皿**を考案した．コッホは細菌分離用の標準的な培地として，ペプトン，肉エキス，食塩を含んだ**普通ブイヨン**と，それに寒天を加えて固化した**普通寒天**を確立した．このような純粋培養法の確立によって微生物の命名と記載が進み，微生物の性質の詳細な調査ができるようになった（§16·1 参照）．

顕微鏡の発達も，微小な対象を扱う微生物学の発展に大きく貢献した．細胞という用語をつくった**フック**はすでに接眼レンズと対物レンズを備えた**複合顕微鏡**を使っていたが，18 世紀に入ると収差の補正が行われるようになり，光を試料上に集めるためのコンデンサー（集光器）が使われるようになった．また，カバーガラスをスライドガラス上の水滴にかぶせることによって試料を薄くできるようになり，観察が簡単になった．さらに，対物レンズと試料との間に空気より屈折率が高い特殊なオイルを満たして観察する油浸レンズが使われるようになり，より明瞭な像が得られるようになった．しかし，光学顕微鏡の分解能は約 0.2 μm であり，細菌の内部構造などの観察は不可能だった．その後 1940 年代になると，可視光の代わりに波長がはるかに短い電子線によって像を得る**電子顕微鏡**が登場し，ウイルスの実体が初めてとらえられた．また，超薄切片法，フリーズエッチング法などの試料作製法の改良によって，微生物の微細構造も観察できるようになった（§16·2 参照）．

パスツールらによって微生物が化学的変換を起こすことが明らかにされると，地球上の物質循環における微生物の役割も注目されるようになった．ベイエリンクはウイルスを発見する以前の 1888 年に，マメ科植物に共生する根粒菌が大気中の窒素を生物が使える形に変換することを確かめ，微生物による**窒素固定**を明らかにした．1890 年にロシアの微生物学者**ヴィノグラドスキー**は，土壌中に生息する硝化細菌が窒素化合物を酸化するエネルギーを利用することを明らかにし，**化学合成独立栄養生物**を発見した．彼は土壌中で自由生活する細菌による窒素固定も発見して

希釈法 dilution method（図 16·3 参照）

画線法 streak method　線引き法ともいう（図 16·3 参照）．

寒天培地 agar medium, agar plate
ペトリ皿 Petri dish　シャーレ schale ともいう．
普通ブイヨン nutrient broth
普通寒天 nutrient agar

フック R. Hook（1635−1703）
複合顕微鏡 compound microscope

電子顕微鏡 electron microscope　正確には**透過型電子顕微鏡** transmission electron microscope（TEM）といい，試料中を通過した電子線によって像を得る．現在の分解能は光学顕微鏡の 1/1000 の約 0.2 nm．試料表面で反射した電子線で試料の表面構造の像を得るものは**走査型電子顕微鏡** scanning electron microscope（SEM）という．

窒素固定 nitrogen fixation
ヴィノグラドスキー S. N. Winogradsky（1856−1953）
化学合成独立栄養生物 chemoautotrophs[pl.]　無機化合物を酸化してエネルギーを得る生物．

いる．これらの研究の過程でベイエリンクとヴィノグラドスキーは，その微生物が好む条件で培養を行って特定の微生物だけを増殖させる技術を確立した．これは**集積培養**とよばれ，現在でも広く使われる．

日本最初の肥料会社を設立した後に渡米した**高峰譲吉**は，1894 年にコウジ菌（コウジカビ）の中から強力なデンプン分解酵素を分離して消化薬タカジアスターゼを発売し，微生物酵素産業の基礎を築いた．東京帝国大学教授の**池田菊苗**はコンブのうま味成分がグルタミン酸ナトリウムであることを発見し，1908 年にうま味調味料を開発した．グルタミン酸ナトリウムは当初はコムギなどのグルテンを加水分解して製造していたが，後に砂糖を絞ったサトウキビの残渣から微生物発酵によって安価に生産されるようになった．台湾の農業試験場の技師だった**黒沢栄一**は，1926 年にイネの病原菌が植物に成長促進を起こす物質を生産することを発見した．これが植物ホルモンの最初の発見で，病原菌がつくる成長促進物質は後に病原菌の学名からジベレリンと名付けられた．また，1929 年に英国の細菌学者**フレミング**は，放置していた細菌培地に透明な部分があることに気づき，空中から培地上に落ちたアオカビが細菌の増殖を阻止することを発見した．アオカビの培養液に含まれる抗菌物質をペニシリンと名付けたが，これが人類が手に入れた初めての抗生物質である．

集積培養 enrichment culture

高峰譲吉（1854-1922）

池田菊苗（1864-1936）

黒沢栄一（1894-1953）

フレミング A. Fleming（1881-1955）

2・7　生命科学への貢献

ブフナーによって花開いた生化学は，20 世紀に入ると医学・生物学と微生物学とを急速に融合させることになった．動物の筋肉における解糖系が明らかにされ，それが酵母におけるアルコール発酵の代謝経路と基本的に同じであることがわかった．また，ビタミン類は動物と微生物とに共通な生理活性物質として見つかり，機能の解明はおもに実験操作が簡単な微生物を使って行われた．これらの研究により，1935 年頃までにすべての生命体の代謝が基本的に同一であることがわかった．

微生物学が大きく貢献したのが遺伝学の発展である．遺伝学の研究はメンデル以降はショウジョウバエやトウモロコシなどを材料として行われたが，その後はより小さく実験的な扱いが簡単な菌類や細菌が使われるようになった．1941 年には米国の**ビードル**と**テータム**が，アカパンカビを使って一つの遺伝子が一つの酵素を指定すること（**一遺伝子一酵素説**）を明らかにした．1928 年に英国の**グリフィス**は肺炎レンサ球菌の病原性株と非病原性株とを使って，遺伝情報を他の個体に導入して形質を変えることができること（**形質転換**）を示した．1944 年に米国の**エイヴリー**は，肺炎レンサ球菌における形質転換が DNA によることを明らかにした．さらに，1952 年に米国の**ハーシー**と**チェイス**は大腸菌と T2 ファージを使い，遺伝子の本体が DNA であることを証明した．これらが 1953 年の DNA の二重らせん構造の発見につながる．

このような生物学，生化学と融合した微生物学から誕生したのが**遺伝子工学**である．1970 年代初めまでに DNA を特定の配列で切断する制限酵素，DNA 断片をつなぎ合わせる DNA リガーゼなどが発見され，組換え DNA 技術の基盤となった．さらに，1980 年代にはポリメラーゼ連鎖反応（PCR）によって目的の DNA を簡単

ビードル G. W. Beadle（1903-1989）

テータム E. L. Tatum（1909-1975）

一遺伝子一酵素説 one gene-one enzyme hypothesis

グリフィス F. Griffith（1879-1941）

形質転換 transformation

エイヴリー（アベリー）O. T. Avery（1877-1955）

ハーシー A. D. Hershey（1908-1997）

チェイス M. C. Chase（1927-2003）

遺伝子工学 genetic engineering

表 2・1　微生物学の歴史[†]

年	人名	できごと	年	人名	できごと
1665	フック(英)	コルクの顕微鏡観察により"細胞"を命名	1908	エールリヒ(独)と秦 佐八郎	病気の化学療法を開発(梅毒治療のサルバルサン)
1677	レーウェンフック(蘭)	手製の顕微鏡により藻類などの微生物を観察	1908	池田菊苗	コンブ成分によるうま味調味料を開発
1753	リンネ(スウェーデン)	二語名法による生物分類法を確立	1911	ラウス(米)	ウイルスによる発がんを発見(ラウス肉腫ウイルス)
1798	ジェンナー(英)	種痘による天然痘の免疫療法を開発	1915	トウォート(英)	バクテリオファージを発見
1804	アペール(仏)	瓶詰めによる食品保蔵法を開発	1926	黒沢栄一	イネ病原菌による植物ホルモン生産を発見(ジベレリン)
1837	シュワン(独)/キュッツィング(独)	アルコール発酵が酵母によることを独立に発見	1928	グリフィス(英)	細菌の形質転換を発見(肺炎レンサ球菌)
1838	カニャール・ドゥ・ラ・トゥール(仏)		1929	フレミング(英)	抗生物質を発見(ペニシリン)
			1932	クノールとルスカ(独)	透過型電子顕微鏡を開発
1839	シュワン(独)	生物の基本単位が細胞であることを発見(細胞説)	1935	スタンリー(米)	ウイルスを結晶化(TMV)
1859	ダーウィン(英)	"種の起原"を発表し生物進化を提唱	1941	ビードルとテータム(米)	アカパンカビにより一遺伝子一酵素説を提唱
1861	パストゥール(仏)	生命の自然発生説を否定	1944	エイヴリー(加/米)	DNAが遺伝情報を運ぶことを発見(肺炎レンサ球菌)
1861	ド・バリー(独)	植物の病気が卵菌によることを発見(ジャガイモ疫病菌)	1946	レーダーバーグとテータム(米)	細菌の接合を発見(大腸菌)
1865	メンデル(オーストリア)	エンドウの交配実験により形質遺伝の法則を発見	1952	ハーシーとチェイス(米)	DNAが遺伝子の本体であることを証明(T2ファージ)
1866	ヘッケル(独)	微生物を動物・植物と異なる原生生物として区別	1953	ワトソン(米)とクリック(英)	DNAが二重らせん構造であることを発見
1867	リスター(英)	外科手術における消毒法を開発(フェノール)	1960	ジャコブとモノー(仏)	大腸菌の遺伝子発現調節機構を解明(オペロン説)
1876	コッホ(独)	ヒトと動物の病気が細菌によることを発見(炭疽菌)	1961	ニーレンバーグ(米)	遺伝暗号を解読
1877	ティンダル(英)	芽胞形成菌の間欠滅菌法を開発(枯草菌)	1962	アルバー(スイス)	制限酵素を発見
1878	バリル(米)	植物の病気が細菌によることを発見(ナシ火傷病菌)	1969	アルバー(スイス)とスミス(米)	
1881	コッホ(独)	平板培地による微生物の純粋培養法を開発	1973	コーエン(米)	大腸菌における遺伝子クローニングを開発
1884	コッホ(独)	病原体特定のための手順を確立(コッホの原則)	1977	サンガー(英)	ウイルスの全塩基配列を決定(ϕX174)
1884	グラム(デンマーク)	細菌を二つに分類する染色法を開発(グラム染色)	1977	ウーズ(米)	16S RNA配列の比較により古細菌を発見
1885	パストゥール(仏)	動物の病気のワクチンを開発(狂犬病ワクチン)	1977	サンガー(英)/マクサムとギルバート(米)	DNA塩基配列決定の手法を開発
1885	ミラルデ(仏)	植物の化学療法を開発(ブドウベと病治療のボルドー液)	1979	大村 智	アベルメクチンの開発
1888	ベイエリンク(蘭)	微生物による窒素固定を発見(マメ科植物根粒菌)	1982	チェック(米)/アルトマン(加)	リボザイムを発見(テトラヒメナ RNAの触媒機能)
1890	ベーリング(独)と北里柴三郎	ヒトの病気の血清療法を開発(ジフテリアと破傷風)	1982	プルシナー(米)	病原としてのプリオンを発見(ヒツジスクレイピー病)
1890	ヴィノグラドスキー(露)	化学合成独立栄養細菌を発見(硝化細菌)	1986	エーベルとビーチー(米)	TMV抵抗性トランスジェニック植物を作出
1894	高峰譲吉	コウジ菌よりジアスターゼを抽出(タカジアスターゼ)	1987	マリス(米)	DNA増幅法を開発〔ポリメラーゼ連鎖反応(PCR)〕
1897	ブフナー(独)	アルコール発酵が酵素によることを発見	1995	ベンター(米)	細菌の全塩基配列を決定(インフルエンザ菌)
			2002	ウィマー(米)	ポリオウイルスの人工合成に成功
1898	ベイエリンク(蘭)	ウイルスを発見〔タバコモザイクウイルス(TMV)〕	2007	山中伸弥	ヒトiPS細胞を開発

[†] 微生物学に関連する生物学上の重要なできごとを色字で示した.

に大量に増幅できるようになった．

　今日では医学は飛躍的に進歩したものの，人間は依然として感染症との戦いを続けている．農作物生産も微生物感染による病気によって，大きな被害を受けている．一方，私たちの生活は，食品，医薬品，環境浄化など多くの面で微生物による恩恵も受けている．現在では微生物を改変し，医薬品や飼料，食品添加物などの有用物質を生産させることができるようになった．微生物は遺伝子ベクターとしても利用され，遺伝子組換え動植物の作出のほか，ヒトの遺伝子治療にも使われている．今後も幅広い分野で，微生物学は人間生活の向上に貢献を続けていくことだろう．ただし，ヒトの遺伝的改良も技術的に可能になった今日では，科学的探究心と営利，人間の尊厳と倫理との関係も厳しく問われている．

　微生物学に関連するおもなできごとを年代順に表2・1にまとめた．

まとめ

- 古代の人々も発酵や病気など，微生物活動の目に見える結果は知っていた．
- オランダのレーウェンフックが初めて微生物を観察し，記録した．
- パスツールらは，生命は自然発生しないことを証明した．
- パスツールは発酵が微生物によって起こることを明らかにした．
- コッホは病気が微生物の感染によって起こることを明らかにし，病原体同定のためのコッホの原則を確立した．
- 微生物の純粋培養法と滅菌法の確立，顕微鏡の発達が，微生物学の進歩を支えた．
- ベイエリンクとヴィノグラドスキーは，微生物が物質循環において重要な役割を果たしていることを明らかにした．
- 微生物を利用して，酵素，アミノ酸，抗生物質などが生産されるようになった．
- 微生物学は生命科学の発展を支え，遺伝子工学技術をもたらした．

微生物の性質

3 微生物の基本構造

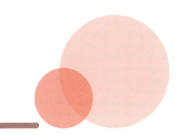

微生物の基本的な細胞構造である原核細胞と真核細胞はどのようなものだろう．ウイルス粒子の構造についてもみよう．

3・1 原核細胞

1950年代になって透過型電子顕微鏡が実用化されると，細胞の内部構造が観察できるようになった．その結果，生物には核膜に包まれた核をもたない細胞から構成される細菌と，核をもつ細胞から成る原生生物，菌類，植物，動物の二つの大きなグループがあることがわかった．前者が**原核生物**，後者が**真核生物**とよばれるようになる．原核細胞は原核生物の細胞である．その後，原核生物は**細菌**（バクテリア）と**古細菌**（アーキア）とに2分されるようになるが，構造は古細菌の細胞も細菌と大きくは変わらない．

原核生物 prokaryote
真核生物 eukaryote
細菌 bacteria [*pl.*]
古細菌 archaebacteria [*pl.*]

原核細胞は真核細胞と比べるとはるかに小さく，数 μm 程度の大きさのものが多い．細胞内には細胞内膜系による区画がなく，核膜に包まれた核やミトコンドリアなどの**細胞小器官**もない（図3・1）．原核細胞は原形質流動やエンドサイトーシスを行わない（§3・2参照）．

細胞小器官 organelle

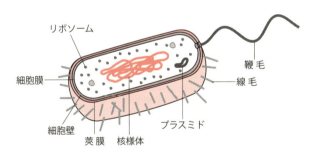

図3・1　原核細胞の基本構造

原核細胞の表層は，厚さ約8 nmの**細胞膜**で包まれている．おもにリン脂質とタンパク質から成る**脂質二重層**とよばれる生体膜で，選択的透過性をもつ．真核細胞とは異なり，ほとんどの原核細胞の細胞膜はステロールを含まない．シアノバクテリアなどの光合成細菌は細胞膜が内部に陥入してできたチラコイド様の膜系をもつ．細胞膜には輸送する分子それぞれに対応して，多くの種類の**パーミアーゼ**（透過酵素）ともよばれる**膜輸送体**がある．細胞膜上には，膜脂質や細胞壁高分子を合

細胞膜 cell membrane
脂質二重層 lipid bilayer

パーミアーゼ permease
膜輸送体 membrane transporter
単に**輸送体** transporter ともいう．

細胞壁 cell wall

グラム染色 Gram stain　デンマークの細菌学者グラム（H. C. Gram, 1853–1938）が開発した，細菌を2種に分類する染色法で，クリスタルバイオレット染色，ヨード処理による媒染，アルコール脱色，サフラニン染色を行い，紫色の色素が脱色されるかどうかで判定する（§16・2参照）．

グラム陽性菌 Gram-positive bacteria [*pl.*]

グラム陰性菌 Gram-negative bacteria [*pl.*]

ペプチドグリカン peptidoglycan

ムレイン murein

外膜 outer membrane　リポ多糖，リン脂質などから成る脂質二重層．

ペリプラズム periplasm

莢膜 capsule　厚さはさまざま．不定形で境界が不明瞭なものは**粘液層** slime layer ともいう．

成する酵素もある．原核生物の細胞膜はエネルギー生産の場でもあり，呼吸や光合成などに関わる酵素や担体が分布する．また，細胞膜の特定部位は DNA と結合することにより，DNA の複製の場としても機能する．なお，古細菌の細胞膜は細菌の細胞膜がもつエステル型脂質を含まず，エーテル型脂質とよばれる特殊な脂質を含むという特徴的な違いがある．

ほとんどの原核細胞は細胞膜の外側に，細胞構造を保持するために**細胞壁**とよばれる強靭な膜構造をもつ．細菌は**グラム染色**を行うと濃い紫色に染色される**グラム陽性菌**と淡いピンク色に染色される**グラム陰性菌**とに分かれるが，グラム陽性菌とグラム陰性菌とでは表層構造が異なる（図3・2）．グラム陽性菌の細胞壁は比較的厚く，約 10〜100 nm の均一な単層構造で，おもに**ペプチドグリカン**から成る．これは N-アセチルグルコサミンと N-アセチルムラミン酸とが β-1,4 結合により重合した糖鎖に 4〜5 アミノ酸から成るペプチドが架橋した高分子で，**ムレイン**ともよばれる．ペニシリンに代表される β-ラクタム系抗生物質はペプチドグリカンの架橋反応を阻害して細胞壁合成を止める．一方のグラム陰性菌の細胞壁の構造は複雑で，薄いペプチドグリカン層の外側に厚さ約 8 nm の**外膜**をもつ．細胞膜と外膜との間は**ペリプラズム**とよばれる空間で，さまざまな機能をもつ水溶性タンパク質が分布する．さらに，一部の細菌は，細胞壁の外側に**莢膜**とよばれるゲル状の構造をもつ．莢膜は親水性の高分子から成り，菌体を食作用や乾燥などから保護する．なお，ほとんどの古細菌の細胞壁はおもに糖タンパク質から成り，ペプチドグリカンを含まない．

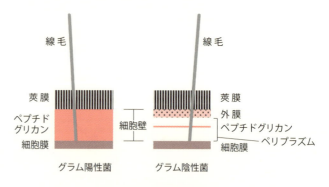

図3・2　細菌の細胞表層構造の違い

細胞質 cytoplasm

リボソーム ribosome

沈降係数 sedimentation coefficient　分子の遠心分離における沈降速度を示す単位で，加速度に対する沈降速度の比．単位のSは，超遠心機を開発したスウェーデンの化学者スベドベリ（T. Svedberg, 1884–1971）にちなむ．

細胞質は細胞膜内部のゲル状の基質で，酵素や代謝産物などが含まれ，多様な生化学反応の場である．原核細胞には細胞骨格はないと考えられてきたが，一部の原核生物では真核生物の細胞骨格に相当する構造が発見されている．

タンパク質合成装置である**リボソーム**は真核生物のものに比べて一回り小形で，電子顕微鏡では直径約 20 nm のだるま形の粒子として観察され，細胞質中に分散して多量に存在する．**沈降係数**が 50S と 30S の大小のサブユニットから成り，結合して 70S リボソームになる．細菌では乾燥重量の約 40% がリボソームであり，活発な生命活動を支えている．ストレプトマイシンやエリスロマイシンなどの抗生物質は 70S リボソームに結合し，タンパク質合成を阻害する．

原核生物は核膜に包まれた核ももたない．DNAは細胞質の**核様体**とよばれる領域にあり，ほとんどの細菌では1本の二本鎖環状のDNA二重らせんが折りたたまれている．細菌のなかには自身のゲノムとは別に，**プラスミド**とよばれるやや小形の，多くは二本鎖環状のDNAをもつものがある．これには薬剤耐性や病原性など，細菌の通常の生育には必須でない遺伝情報がコードされている．

細胞質内には脂質，グリコーゲン，ポリリン酸，硫黄などのさまざまな物質が**顆粒**として貯蔵される．これらの顆粒は栄養条件がよい場合には菌体乾燥重量の50%を占める場合もある．欠乏状態になるとこれらは分解され，細胞の構成成分やエネルギー源として利用される．

*Bacillus*属，*Clostridium*属などの細菌はストレス条件では栄養細胞の分裂を停止し，**芽胞**とよばれる熱や乾燥などに耐性を示す特別な構造をつくる（図3・3）．芽胞内部のコア（細胞質）は芽胞壁に包まれ，さらに，ペプチドグリカンから成る皮層とタンパク質から成る芽胞殻によって保護されている．環境条件がよくなると，芽胞は発芽して栄養細胞になる．芽胞は条件にもよるが長期間休眠可能で，たとえば，アルゼンチンの2億5千万年前の地層の岩塩結晶中から得られたフィルミクテス類の *Salibacillus marismortui* と *Virgibacillus pantothenticus* の2種の芽胞からは，これらの生命活動の再開が確認されている．

核様体 nucleoid DNAの全長は1000〜2000 μmで，菌体長の1000倍以上にもなる．2本目の環状あるいは線状DNA分子をもつ細菌も発見されている．

プラスミド plasmid 原核細胞だけでなく，真核生物の酵母細胞にもある．

顆粒 granule 封入体 inclusion body ともいう．

芽胞 spore 内生胞子 endospore とよぶこともある．芽胞にはジピコリン酸とカルシウムイオン（Ca^{2+}）が大量に含まれ，これらが耐熱性に関わると考えられている．

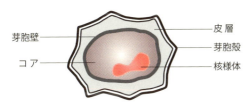

図3・3 芽胞の構造

運動性細菌のほとんどは，**鞭毛**という直径約20 nmの長いらせん状の構造物をもつ．鞭毛は中空で，**フラジェリン**とよぶタンパク質がらせん状に配列してできる．鞭毛の回転運動には **ATP** は必要なく，基部の鞭毛モーターが水素イオンの透過に共役して得られるエネルギーによって回転する（図3・4）．鞭毛の数や配置は，細菌分類の重要な基準である．なお，古細菌の鞭毛も構造はほぼ同じであるが構成タンパク質が異なり，異なる起源をもつらしい．

鞭毛 flagellum (*pl.* -gella) 細菌は鞭毛運動により1秒間に菌体長の10〜20倍の距離を移動できる．

フラジェリン flagellin

ATP adenosine triphosphate アデノシン三リン酸

図3・4 鞭毛モーターの構造（グラム陰性菌）

細菌や古細菌の中には**線毛**という繊維状構造をもつものもある．これは通常はまっすぐで，直径は約10 nmと鞭毛よりも細い．線毛も中空で，**ピリン**とよばれ

線毛 pilus (*pl.* -li)

ピリン pilin

るタンパク質がらせん状に配列してできる．線毛は運動性には関与せず，おもな機能は宿主細胞や接合相手への付着である．

3・2 真核細胞

真核生物（原生生物，菌類，植物，動物）の細胞（真核細胞）は原核細胞より大きく，多くは 10～100 μm である．細胞内が細胞内膜系によって複雑に区切られているのが特徴で，核，ミトコンドリア，ゴルジ体などの細胞小器官がある（図 3・5）．複数の細胞骨格をもち，**原形質流動**，**エンドサイトーシス**がある．

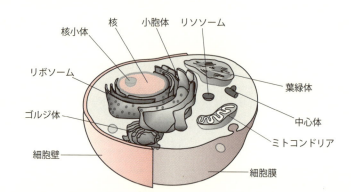

図 3・5 真核細胞の基本構造 細胞壁や葉緑体などは分類群によってもたないものがある．

真核細胞の**細胞膜**は細菌のものとほぼ同じ脂質二重層であるが，ステロールを含む点で異なる．呼吸や光合成などには関与しない．また，固形物を**食作用**によって取入れて消化したり，液体を**飲作用**によって吸収したりする．いずれの場合も，取込んだものを包んだ小胞が形成される．

細胞壁の形，厚さ，化学組成はさまざまで，動物細胞は細胞壁をもたない．細胞壁は細胞構造を保持し，細胞を外界から保護する．藻類の細胞壁は，**セルロース**，**マンナン**，**キシラン**などの長鎖多糖類分子が織り込まれた微細繊維からできている．また，**シリカ**などから成る非常に美しい細胞壁をもつものもある．菌類の細胞壁の構成ポリマーは**キチン**で，しばしば**グルカン**と β-1,4 結合している．酵母の細胞壁の骨格はグルカンで，キチンとマンナンを含む．原生動物の表層構造は多様で，タンパク質，セルロース，炭酸カルシウム，シリカなどから成る．

細胞質は細胞内部のうち，核や小胞体などの細胞内膜系に包まれた部分を除いた領域である．水性のゲルで，多様な化学反応が起こる．

真核細胞の大きな特徴は，核膜に包まれた**核**をもつことである．核には DNA が格納され，細胞分裂の過程では**染色体**として光学顕微鏡で観察できるようになる．核には 1 個あるいは複数の**核小体**があり，rRNA（リボソーム RNA）の転写とリボソーム合成を行う．核膜は細胞膜とよく似た脂質二重層で，内膜と外膜とがあり，外膜の一部は小胞体膜と連続している．核膜には核膜孔があり，mRNA（メッセンジャー RNA）やタンパク質などが出入りする．

原形質流動 cytoplasmic streaming　生きている細胞内で細胞質が流れるように動く運動．

エンドサイトーシス endocytosis　細胞外の極性のある比較的大きい物質を細胞内に取込むための小胞輸送．取込む物質が固形物の場合を食作用，液体の場合は飲作用という．

細胞膜 cell membrane

食作用 phagocytosis

飲作用 pinocytosis

細胞壁 cell wall

セルロース cellulose　D-グルコースが β-1,4 結合により直鎖状に重合した高分子．

マンナン mannan　D-マンノースをおもな構成成分とする多糖の総称．

キシラン xylan　D-キシロースをおもな構成成分とする多糖の総称．

シリカ silica　二酸化ケイ素あるいは二酸化ケイ素によって構成される物質の総称．

キチン chitin　ポリ-β-1,4-N-アセチルグルコサミン．菌類の細胞壁の強靱さはキチンの微細繊維と間質のグルカンとの強固な架橋による．

グルカン glucan　D-グルコースをおもな構成成分とする多糖の総称．セルロースもこれに含まれる．

細胞質 cytoplasm

核 nucleus (*pl.* -li)

染色体 chromosome　DNA がヒストンなどのタンパク質に巻き付きながら折り畳まれて糸状になった構造体．

核小体 nucleolus (*pl.* -li)　仁ともいう．

真核細胞の**リボソーム**は原核細胞のものよりやや大きい80Sリボソームで，60Sと40Sのサブユニットから成る．リボソームはタンパク質合成を担い，1本のmRNAに多くのリボソームが連結した**ポリリボソーム**として観察されるものも多い．真核細胞のリボソームには，小胞体膜の表面に結合したものと細胞質中に遊離したものとの2種類がある．前者はおもに細胞から分泌するタンパク質を，後者はおもに細胞内で使用するタンパク質を合成する．真核生物の80Sリボソームはストレプトマイシンやクロラムフェニコールでは阻害されず，シクロヘキシミドで阻害される．

小胞体（ER）は，真核細胞の膜系の半分以上を占める袋状あるいは管状の膜系である．表面にリボソームが結合した**粗面小胞体**ではmRNAが翻訳され，合成されたタンパク質は小胞体内腔へ輸送されて糖鎖付加などの修飾が行われる．リボソームが付着していない**滑面小胞体**ではおもに脂質の合成が行われる．これらのタンパク質や脂質などは，輸送小胞によってゴルジ体に運ばれる．

ゴルジ体は袋状の構造が何層か積み重なった構造体で，タンパク質や脂質をさらに修飾し，成熟を行う．完成したタンパク質や脂質は行き先が指定され，ゴルジ小胞によって適切な場所に輸送される．

ミトコンドリアは二重の生体膜をもつ直径0.5 μm，長さ数 μmの細胞小器官で，呼吸におけるエネルギー生産の場である．細胞質中に多量に分布し，細胞内部の約20%を占める．糖や脂肪酸の酸化によって得たエネルギーを，細胞が利用できるATPの形に変換する．外膜は透過性で，細胞膜に似た性質を示す．内膜は非透過性で，複雑に陥入した**クリステ**という構造を形成し，呼吸鎖に関わる酵素複合体が規則的に配列する．内膜内側の**マトリックス**にはクエン酸回路や電子伝達系の酵素群が分布する．また，緑色藻類などはミトコンドリアよりやや大きく凸レンズ型の**葉緑体**をもち，酸素発生型の光合成を行う．葉緑体の外膜も透過性で，細胞膜に似た性質を示す．内膜内部のミトコンドリアマトリックスに相当する領域は**ストロマ**とよばれる．葉緑体がミトコンドリアと異なる点は，袋状の膜系が重なった**チラコイド**という第三の膜系をもつことである．チラコイドでは光合成電子伝達反応により光と水からATPとNADPHがつくられ，ストロマでの炭酸固定反応により二酸化炭素（CO_2）を使って糖などが生産される．なお，ミトコンドリアと葉緑体は内部に自律的に複製できるDNAと原核細胞型リボソームをもち，自身のタンパク質の一部を合成する．

真核細胞のこの他の膜系としては，リソソーム，ペルオキシソーム，液胞などがある．**リソソーム**はゴルジ体から運ばれる小胞に由来するさまざまな加水分解酵素を含む小形の細胞小器官で，細胞内の不要物質を分解する．単細胞生物では消化器として機能する．**ペルオキシソーム**も小形の細胞小器官で，さまざまな酸化酵素を含み，脂肪酸や有毒物質などを分解する．**液胞**はデンプン，グリコーゲン，脂質などを貯蔵する．植物などの細胞では浸透圧を保持し，細胞構造を支えている．また，細胞質にはデンプン，タンパク質，脂質などを貯蔵するさまざまな顆粒がある．

真核細胞は内部に**アクチンフィラメント**，**微小管**などの**細胞骨格**をもち，細胞の形態と強度を保持している．これらは細胞内の物質輸送やアメーバ運動などの運動にも関わる．

リボソーム ribosome

ポリリボソーム polyribosome
ポリソーム polysome ともいう．

小胞体 endoplasmic reticulum

粗面小胞体 rough endoplasmic reticulum

滑面小胞体 smooth endoplasmic reticulum

ゴルジ体 Golgi body　名称は発見者のイタリアの組織学者ゴルジ（C. Golgi, 1843-1926）にちなむ．

ミトコンドリア mitochondria [*pl.*]（単数形 -rion）

クリステ crista (*pl.* -tae)

マトリックス matrix

葉緑体 chloroplast

ストロマ stroma (*pl.* -mata)

チラコイド thylakoid

リソソーム lysosome

ペルオキシソーム peroxysome

液胞 vacuole

アクチンフィラメント actin filament　ミクロフィラメント microfilament の主成分．

微小管 microtubule

細胞骨格 cytoskeleton

鞭毛 flagellum (*pl.* -gella)

繊毛 cilum (*pl.* -lia)

マーギュリス L. Margulis
(1938-2011)

細胞内共生説 endosymbiosis theory　原生生物の中には三重あるいは四重の膜をもつ葉緑体をもつものがあり, 真核生物が別の真核生物に細胞内共生を繰返して成立したとされる. マーギュリスは鞭毛もスピロヘータ起源と考えたが, これは現在では否定されている. なお, ペルオキシソームも共生微生物起源とする研究もある.

　一部の真核細胞がもつ**鞭毛**は原核生物のものよりはるかに大きく, 直径は200〜300 nmほどある. 内部中央に微小管が二つ並び, 周囲に9対の膜に囲まれた構造 (9+2構造) をとり, ATPの加水分解で得たエネルギーにより9+2構造内部の分子モーターを滑らせて鞭打ち運動を起こす. **繊毛**は構造的には鞭毛と同一な運動器官で, 短くて細く, 細胞当たりの数が多い. 推進力を生み出す有効打に加えて次の有効打のために繊毛をもとの位置に戻す回復打を繰返すことができる.

　真核生物は, 原核生物が別の細胞に細胞内共生して誕生したと考えられている. ミトコンドリアや葉緑体などが共生微生物に由来するのではないかという考えは古くからあったが, 1970年頃に米国の生物学者マーギュリスは**細胞内共生説**を提唱した. ミトコンドリアと葉緑体は環状DNAと70Sリボソームをもつ点で原核生物に近い. また, これらの分裂は細胞全体の分裂周期と同期しない. さらに, これらの細胞小器官の内膜の性質は原核細胞の細胞膜と共通している. そこで現在では, ミトコンドリアはプロテオバクテリア類の好気性菌が, また, 葉緑体はシアノバクテリアに近い細菌が細胞内共生した結果と考えられている (図3・6). もととなった祖先原核細胞については明らかでないが, 捕食性のおそらくは古細菌で, 核を保護するために核膜などを発達させたと考えられる.

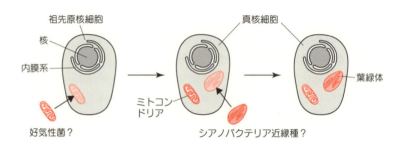

図3・6　細胞内共生説による真核生物の誕生のしくみ

3・3　ウイルス粒子

ウイルス粒子 virus particle　ビリオン virion ともいう.

キャプシド capsid

　ウイルスは生細胞に寄生しないと複製できない感染性生命体で, 細胞構造をもたない. 原核生物よりさらに小さく, 20〜300 nm程度の球形や棒状のものが多い. 個々のウイルスを**ウイルス粒子**とよぶ.

　ウイルス粒子は, 遺伝情報をコードしている核酸 (DNAかRNAのどちらか一方) とそれを保護するタンパク質の**キャプシド**とよばれる殻から成る. キャプシド

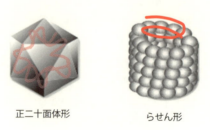

図3・7　ウイルス粒子の基本構造

の基本構造は正二十面体形からせん形で（図3・7），一部のウイルスは**エンベロープ**とよばれる脂質二重層から成る外膜をもつ．さらに，大型ウイルスの一部はエンベロープ表面に糖タンパク質の突起があり，**スパイク**とよばれる．

エンベロープ envelope

スパイク spike

まとめ

- 細胞の表層はリン脂質とタンパク質から成る脂質二重層である細胞膜で包まれている．
- 原核細胞は数 μm 程度の大きさで，細胞内膜系による区画がなく，核やミトコンドリアなどの細胞小器官がない．
- 原核細胞の細胞膜の外側にはペプチドグリカンから成る細胞壁があり，構造はグラム陽性菌とグラム陰性菌とで異なる．
- 原核生物のリボソームは70Sリボソームである．
- 原核細胞のDNAは核様体とよばれ，ほとんどの細菌では1本の環状DNAである．
- 原核細胞には運動に関わるやや太い鞭毛と，接合などにかかわる線毛とをもつものがある．
- 真核細胞は多くは10〜100 μmの大きさで，細胞内膜系によって複雑に区切られ，ミトコンドリア，小胞体，ゴルジ体などの細胞小器官をもつ．
- 真核細胞は核膜に包まれた核をもつ．
- 真核細胞は80Sリボソームをもつ．
- 真核細胞は内部にアクチンフィラメントなどの細胞骨格をもち，細胞の形態と強度を保持している．
- 一部の真核細胞は鞭毛や繊毛をもち，それらの内部には微小管が9+2構造とよばれる形に配列する．
- 真核生物は細胞内共生によって原核生物から誕生したと考えられている．
- ウイルスは原核生物よりさらに小さく，20〜300 nm程度の大きさである．
- ウイルス粒子の基本構造は正二十面体形からせん形で，さらにエンベロープとよばれる膜に包まれるものがある．

4 微生物の代謝

生物としての微生物はどのようなしくみで生きているのだろう．代謝，エネルギーの獲得と有機物生合成の概要をみよう．

4・1 代 謝

多様な微生物はどのようなしくみで生命活動をしているのだろう．生物に共通する，基本的なしくみについて考えることにする．

酵素 enzyme
代謝 metabolism
異化 catabolism

生物における化学反応は**酵素**によって触媒されるが，生体内で起こるすべての化学的変換過程を**代謝**とよぶ．この代謝には，異化と同化との2方向の化学反応がある．**異化**は高分子量の有機物や無機物を外部から取入れてそれらを低分子にまで分解し，その過程でエネルギーを得る過程である．異化で得たエネルギーは，微生物の運動や物質輸送，高分子の生合成（同化）などに使われる．エネルギーはおもに**ATP**の形で蓄えられ，必要に応じて使われる．一方の**同化**はエネルギーを使って，外部から取入れた低分子の化学物質から生物に必要なタンパク質や糖質などの高分子を生合成する反応である．同化は，微生物の成長，増殖，あるいは修復に不可欠である．微生物には多様な代謝経路があり，それぞれが複雑に制御される．

ATP adenosine triphosphate
アデノシン三リン酸
同化 anabolism

なお，ウイルスは生きた細胞に感染して複製し，すべての過程を宿主細胞の代謝に依存する．ウイルス自身の代謝はない．

4・2 エネルギー生産

微生物のエネルギー獲得様式はきわめて多様なので，微生物が取入れる炭素源とエネルギー源とによって大別しておこう．炭素源は微生物細胞のもとになるが，二酸化炭素（CO_2）を利用して生体成分を生合成できる生物を**独立栄養生物**という．これに対して，他の生物が生産した有機物を利用するものを**従属栄養生物**とよぶ．一方，エネルギー源による分類では，光エネルギーを利用するものが**光合成生物**であり，無機化合物の酸化によってエネルギーを獲得するものが**化学合成生物**である．これらの組合わせにより微生物は，**光合成独立栄養生物**，**光合成従属栄養生物**，**化学合成独立栄養生物**，**化学合成従属栄養生物**の四つに大別できることになる（表4・1）．

独立栄養生物 autotrophs [*pl.*]
従属栄養生物 heterotrophs [*pl.*]
光合成生物 phototrophs [*pl.*]
化学合成生物 chemotrophs [*pl.*]
光合成独立栄養生物 photoautotrophs [*pl.*]
光合成従属栄養生物 photoheterotrophs [*pl.*]
化学合成独立栄養生物 chemoautotrophs [*pl.*]
化学合成従属栄養生物 chemoheterotrophs [*pl.*]

微生物のエネルギー生産方式は多様であるが，化学反応の種類によって分けると発酵，呼吸，光合成の三つになる．このうち発酵は有機物の分解反応であり，基質

4. 微生物の代謝

表 4・1 炭素源とエネルギー源による微生物の分類

	炭素源	エネルギー源	おもな微生物
光合成独立栄養	二酸化炭素	光	シアノバクテリア，緑色硫黄細菌，紅色硫黄細菌，緑色藻類，(植物)
光合成従属栄養	有機物	光	緑色非硫黄細菌，紅色非硫黄細菌
化学合成独立栄養	二酸化炭素	無機物	硝化細菌，水素細菌，硫黄酸化細菌，鉄酸化細菌，メタン菌
化学合成従属栄養	有機物	無機物	多くの細菌・古細菌，原生動物，菌類，(動物)

としての有機物以外には**電子受容体**（酸化剤）を必要としない．一方，呼吸と光合成では有機物，硫化水素（H_2S），水（H_2O）などの基質以外に，酸素（O_2），硝酸イオン（NO_3^-）などの酸化型電子伝達体が必要である．

発酵は有機化合物を嫌気的に分解してエネルギーを獲得する**基質レベルのリン酸化**を行う過程で，一定量の有機物から得られる ATP 量は酸素呼吸に比べるとはるかに少ない．微生物にはさまざまな発酵経路がある．グルコースなどの六炭糖を 2 分子の C_2 化合物に分解する**解糖系**には，動植物にも共通な**エムデン・マイヤーホフ・パルナス経路**（EMP 経路）以外に，一部の微生物が利用する**エントナー・ドゥドロフ経路**（ED 経路）などがある．**ピルビン酸**以降の経路も多様で，ホモ乳酸発酵，アルコール発酵，酢酸発酵，酪酸発酵，アセトン-ブタノール発酵，プロピオン酸発酵などがある（図 4・1）．発酵の一つの段階で還元された NAD^+ は，

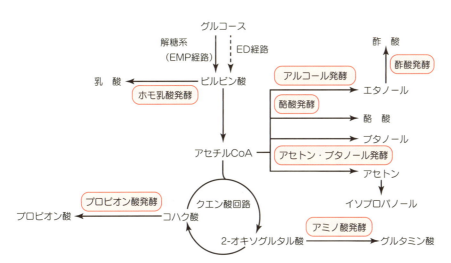

図 4・1 発酵のおもな経路

の次の過程で酸化される．たとえば，多くの乳酸菌の発酵であるホモ乳酸発酵では，還元された NAD^+ がピルビン酸の乳酸への還元により再酸化される．酵母の典型的な嫌気的代謝であるアルコール発酵の場合はピルビン酸が脱炭酸されてアセトアルデヒドが生じ，これがエタノールに還元される過程で **NADH** の酸化が起こる．これらの過程では解糖系の場合と同じく，グルコース 1 分子当たり 2 分子の ATP

電子受容体 electron acceptor 電子伝達体のうち酸化型のもので，生体内の酸化還元反応の際に電子を受取る物質．

発酵 fermentation 広義には微生物を利用して食品を製造したり有機化合物などを工業生産することをさす．微生物による反応の結果，人間にとって不都合な物質が生じる場合は腐敗という（§13・2 参照）．

基質レベルのリン酸化 substrate-level phosphorylation 高エネルギー化合物からリン酸基を ADP へ転移させて ATP をつくる反応．

解糖系 glycolysis

エムデン・マイヤーホフ・パルナス経路 Embden-Meyerhof-Parnas pathway 嫌気性の細菌と真核生物がもつ．

エントナー・ドゥドロフ経路 Entner-Doudoroff pathway 一部の好気性細菌がもつ．

ピルビン酸 pyruvic acid

NAD^+ nicotinamide adenine dinucleotide ニコチンアミドアデニンジヌクレオチド（酸化型）

NADH nicotinamide adenine dinucleotide ニコチンアミドアデニンジヌクレオチド（還元型）

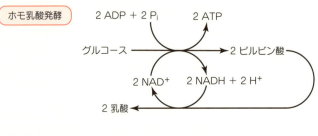

図 4・2　ホモ乳酸発酵とアルコール発酵

呼吸 respiration

酸素呼吸 oxygen respiration
好気呼吸 aerobic respiration ともいう．酸素呼吸には約 25 の酵素反応が関わるが，全体の収支は，
$C_6H_{12}O_6 + 6\,O_2 + 38\,ADP + 38\,P_i$
$\rightarrow 6\,CO_2 + 6\,H_2O + 38\,ATP$
とされてきた．しかし，その後の研究により，グルコース 1 分子から生成される ATP は約 30 分子程度であることが明らかになっている．

電子伝達系 electron transfer system　呼吸における電子伝達系を**呼吸鎖** respiratory chain という．

酸化的リン酸化 oxidative phosphorylation　電子伝達系に共役して起こる反応によって ATP をつくる反応．

嫌気呼吸 anaerobic respiration

無機呼吸 inorganic respiration

光合成 photosynthesis

光リン酸化 photophosphorylation　光エネルギーにより ATP をつくる反応．

しか生成されない（図 4・2）．

呼吸のうち**酸素呼吸**はヒトを含む真核生物にも共通な過程で，四つの酵素複合体から成る**電子伝達系**を電子が通ることによりエネルギーが生成される**酸化的リン酸化**を行う過程である．発酵では有機物の分解が C_2 あるいは C_3 化合物の段階で停止するのに対して，酸素呼吸ではさらに CO_2 や H_2O にまで分解される．多くの場合，グルコース（$C_6H_{12}O_6$）1 分子当たり約 30 分子の ATP が生成される．一方，電子受容体として O_2 の代わりに無機化合物を利用する呼吸を**嫌気呼吸**という．これらの電子受容体の酸化還元電位は O_2 に比べると低いので，生成できるエネルギー量は少ない．これらのうち電子受容体として硝酸イオン（NO_3^-）を用いるものを硝酸呼吸，硫酸イオン（SO_4^{2-}）を用いるものを硫酸呼吸，CO_2 を用いるものを炭酸呼吸という．さらに，アンモニア（NH_3），硫化水素（H_2S），水素（H_2），二価鉄イオン（Fe^{2+}）などの無機物を電子供与体とする呼吸を**無機呼吸**とよぶ．

エネルギー生産の第三の方式は**光合成**で，**光リン酸化**の過程である．光合成独立栄養微生物の光合成は植物と同様に明反応と暗反応との二つの光化学系から成る

表 4・2　微生物のエネルギー生産方式の比較

		電子供与体	電子受容体	ATP 生成機構	おもな微生物
発酵		有機化合物	有機化合物	基質レベルのリン酸化	乳酸菌，酢酸菌，酪酸菌，酵母など
呼吸	酸素呼吸	有機化合物	O_2	酸化的リン酸化	ほとんどの菌類，藻類，一部の細菌など
	嫌気呼吸	有機化合物	NO_3^-, NO_2^-, SO_4^{2-} など	酸化的リン酸化	硝酸還元細菌，硫酸還元細菌，ホモ酢酸菌，メタン菌など
	無機呼吸	NH_3, H_2S, H_2, Fe^{2+} など	O_2 など	酸化的リン酸化	硝化細菌，硫黄細菌，水素細菌，鉄細菌など
光合成	酸素発生型	H_2O	クロロフィル	光リン酸化	シアノバクテリア，緑色藻類など
	酸素非発生型	H_2S, S, $S_2O_3^{2-}$ など	バクテリオクロロフィル	光リン酸化	緑色硫黄細菌，紅色硫黄細菌，緑色非硫黄細菌など

が，分子機構は多様である．**明反応**は色素分子が光エネルギーを吸収すると，水を酸化して酸素を放出し，ATP と NADPH をつくる．**暗反応**では，ATP と NADPH をそれぞれエネルギー源と還元力として CO_2 を固定し，有機物を合成する．植物，緑色藻類，シアノバクテリアが行う**酸素発生型光合成**では，H_2O を電子供与体として用いて O_2 を発生し，CO_2 を還元する．緑色硫黄細菌，紅色硫黄細菌，緑色非硫黄細菌，紅色非硫黄細菌などの細菌が行う**酸素非発生型光合成**では光化学系を一つしかもたず，硫化水素（H_2S），硫黄（S），チオ硫酸イオン（$S_2O_3^{2-}$）などを電子供与体として利用する．

以上の微生物のエネルギー生産方式の概要を表4・2にまとめた．

明反応 light reaction
暗反応 dark reaction
酸素発生型光合成 oxygenic photosynthesis
酸素非発生型光合成 inoxygenic photosynthesis

4・3　生体高分子の生合成

微生物は生きてゆくために，タンパク質や核酸，糖質，脂質などのさまざまな高分子化合物を生合成する必要がある．

生体を構成し酵素としても働く**タンパク質**は，20種の**アミノ酸**を**ペプチド結合**により連結してできる．ペプチド結合は，アミノ酸分子のアミノ基 $-NH_2$ ともう一方のアミノ酸のカルボキシ基 $-COOH$ とから水1分子がとれて縮合してできる $-CONH-$ の結合である．動物とは異なり，微生物や植物は20種のアミノ酸すべてを合成できる．細菌や藻類は，アンモニア（NH_3），硝酸塩，窒素を窒素源として利用できる．原生生物と菌類は NH_3 と硝酸塩を利用できる．NH_3 は直接取込まれてアラニンとグルタミン酸の合成に利用され，これらはさらに他のアミノ酸の生合成に使われる．多様なタンパク質は必要な場合に遺伝情報から合成されるが，タンパク質合成の調節の多くは**転写**レベルで行われている．転写は形質発現の最初の段階で，DNA配列を相補的 RNA として写しとる反応である．タンパク質合成の**翻訳開始**は細菌と古細菌・真核生物とでやや異なる．翻訳は細菌ではリボソーム小サブユニットが mRNA と結合し，N-ホルミルメチオニンをもつ開始 tRNA が AUG コドンと塩基対を形成して始まる．一方，古細菌と真核生物ではリボソーム小サブユニットがメチオニンをもつ tRNA と結合し，これが mRNA の 5′キャップと結合して配列中の最初の AUG まで進む．

タンパク質 protein
アミノ酸 amino acid
ペプチド結合 peptide bond

転写 transcription
翻訳開始 translation initiation

遺伝情報の保存と発現を担う**核酸**の DNA と RNA は，**塩基**と**ペントース**，リン酸から成る**ヌクレオチド**が**ホスホジエステル結合**により連結してつくられる．ヌクレオチドは塩基と糖が結合した**ヌクレオシド**にリン酸基が結合したものである．ホスホジエステル結合は炭素原子の間がリン酸を介した二つのエステル結合によって強く共有結合している結合である．塩基のうちプリン塩基（アデニンとグアニン）は二つの環をもつ構造で，グルタミン，グリシン，アスパラギン酸から始まる経路で合成される．ピリミジン塩基（シトシン，チミン，ウラシル）は一つの環をもち，アスパラギン酸から始まる経路で合成される．

核酸 nucleic acid
塩基 base
ペントース pentose　五炭糖．デオキシリボースやリボース．
ヌクレオチド nucleotide
ホスホジエステル結合 phosphodiester bond
ヌクレオシド nucleoside

微生物のエネルギー源として重要な**糖質**は，糖を**グリコシド結合**で連結してつくられる．グリコシド結合は糖のヒドロキシ基 $-OH$ が他の糖やアルコールのヒドロキシ基と反応して脱水してできる結合である．CO_2 からグルコースを合成しない微生物では，解糖系のほぼ逆の**糖新生**という反応経路によってグルコースがつくられ

糖質 carbohydrate, saccharide　炭水化物 ともいう．
グリコシド結合 glycosidic bond
糖新生 gluconeogenesis

脂質 lipid
脂肪酸 fatty acid
アセチルCoA acetyl-CoA アセチルコエンザイムA（アセチル補酵素A）acetyl coenzyme A の略．

る．一方，**脂質**はエネルギー源として，また，生体膜の構成要素として必須で，特に重要な**脂肪酸**の生合成は**アセチルCoA**から始まる．

まとめ

- 生体内で起こるすべての化学的変換過程を代謝とよび，代謝には異化と同化がある．
- 異化は高分子量の有機物や無機物を外部から取入れてそれらを低分子にまで分解し，ATP を得る過程である．
- 同化は外部から取入れた低分子の化学物質からタンパク質や糖質，脂質などの高分子を生合成する反応である．
- 微生物は炭素源とエネルギー源により，光合成独立栄養生物，光合成従属栄養生物，化学合成独立栄養生物，化学合成従属栄養生物の四つに分けられる．
- 微生物のエネルギー生産方式は多様であるが，化学反応の種類によって分けると発酵，呼吸，光合成の三つになる．
- 発酵は有機化合物を嫌気的に分解してエネルギーを獲得するもので，基質レベルのリン酸化を行う過程である．
- 微生物にはホモ乳酸発酵，アルコール発酵，酢酸発酵，酪酸発酵，アセトン－ブタノール発酵，プロピオン酸発酵などさまざまな発酵経路がある．
- 呼吸は電子伝達系を通ることによりエネルギーが生成される酸化的リン酸化を行う過程で，酸素呼吸，嫌気呼吸，無機呼吸がある．
- 光合成は光リン酸化のエネルギー獲得過程で，酸素発生型と酸素非発生型の二つがある．
- 微生物は生存し生命活動を行うために，タンパク質や核酸，糖質，脂質などのさまざまな高分子化合物を生合成する．

5 微生物の増殖

微生物はどのような栄養を利用し，どのように増殖するのだろう．微生物の増殖に必要な環境条件についても学ぼう．

5・1 増殖と栄養

微生物の多くは，**細胞分裂**によって**増殖**し成長する．ほとんどの細菌は**二分裂**によって増殖するが，一部は芽胞を形成して劣悪な環境条件でも生き延びる．後で説明するように，細菌も**接合**を行って遺伝子を交換し，遺伝的な多様性を高めて生き残る機会を増加させる．菌類の多くは菌糸体を伸長させて成長し，**胞子**をつくる．無性胞子は遺伝的に同一のクローンを短時間で大量に増やすことができる．一方，有性胞子は遺伝的多様性を備え，環境条件が変化しても子孫が生き残れるようにする．一部の細菌や酵母などは，**出芽**によっても増殖する．微生物の増殖量を測定するには，希釈平板法などさまざまな方法がある（§16・4参照）．なお，ウイルスは細胞をもたないのでウイルスには"成長"はない．ウイルスは生細胞内だけで複製するので，人工培養はできない．

細菌などは二分裂によって増殖し，細胞数が爆発的に増加する．細菌などの菌体数は良好な条件では時間に対して対数関係で増加し，これを**対数増殖**という．微生物の1世代とは分裂直後から次の分裂の直前までの時間をいい，これを**世代時間**とよぶ．これは微生物の種類のほか環境条件によっても変わるが，一般の細菌では10〜50分，乳酸菌や酵母では1〜4時間程度が多い．

細胞分裂 cell division

増殖 growth　本書では微生物の細胞数の増加を増殖，生物量の増加を成長，増殖と成長を合わせたものを生育ということにする．

二分裂 binary division

接合 conjugation

胞子 spore

出芽 budding　細胞の端に小さな膨らみが生じ，それが大きくなって親細胞と分かれる増殖様式．

対数増殖 logarithmic growth　たとえば，大腸菌は栄養が十分で環境が良い条件では約20分で倍になる．つまり，1個の大腸菌が1晩（10時間）で約10億個にも増えることになる．

世代時間 generation time

世代時間の求め方

培養時間 t_0 における細胞数を N_0 個/mL，培養 t 時間後の細胞数を N_t 個/mL とする．この間に n 回分裂したとすると，

$$N_t = N_0 \times 2^n$$

になる．両辺の対数をとると，

$$\log N_t = \log N_0 + n \times \log 2$$
$$= \log N_0 + n \times 0.301$$

これから，分裂回数 n は，

$$n = \frac{\log N_t - \log N_0}{0.301}$$

世代時間は培養時間 t を分裂回数 n で割ったものだから，

$$\frac{t}{n} = \frac{t \times 0.301}{\log N_t - \log N_0}$$
$$= \frac{t}{3.3(\log N_t - \log N_0)}$$

たとえば，10^3 個/mL の細菌を6時間培養して菌数が 10^8 個/mL になったとすると，世代時間は，

$$\frac{6}{3.3(8-3)} = 0.36 \text{時間} = 22 \text{分}$$

となる．

増殖曲線 growth curve ウイルスでは一段増殖とよばれる曲線になる（§12・1参照）．

細菌を新しい培地に接種した場合に，生細胞数の対数を縦軸に，培養時間を横軸にとって増殖の時間的経過を示したものが**増殖曲線**である（図5・1）．培地に移した細菌が急速な増殖を始めるまでの時間を誘導期（遅滞期）といい，代謝を活発に行って分裂のための準備を行う．細菌が対数増殖をする期間を対数増殖期というが，これは一定の時間しか続かない．培地の栄養素が足りなくなり，また，有毒物質の蓄積が進むからである．細胞の増殖と死滅とがつりあって，細胞数がほぼ一定となる期間を定常期という．この時期の細胞は対数期のものに比べてやや小さくなり，物理的，化学的に抵抗性を示すようになる．芽胞形成菌はこの時期に芽胞を形成するので，滅菌が困難になる．死滅期には細胞が再生能を失うため，生菌数が徐々に低下する．死滅する原因はさまざまである．

微生物の死とは
ヒトや動物などでは個体の死が容易に"死"と認識されるが，増殖を続ける細菌や菌類などの微生物については，"寿命"を規定することが難しい．したがって，微生物の"死"とは"増殖能力が不可逆的に失われた状態"と考えるべきであろう．

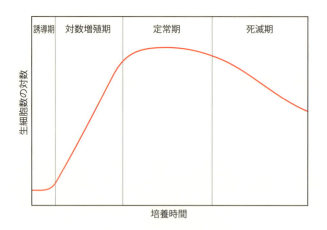

図5・1　細菌などの増殖曲線

炭素源 carbon source
窒素源 nitrogen source
ミネラル mineral　無機質
微量元素 trace element
ビタミン vitamin
増殖因子 growth factor　成長因子ともいう．
補酵素 coenzyme　非タンパク質性であるが，酵素のタンパク質部分（アポ酵素という）に結合すると酵素が触媒として機能するようになる．

微生物が増殖し成長する，つまり生育するためには，エネルギー源と栄養素が必要である．動物であるヒトは酸素呼吸を行い，エネルギー源と栄養素として有機物を必要とするが，一部の微生物は**炭素源**として二酸化炭素（CO_2）を利用できるし，光や無機物のエネルギーを利用できるものもある（表4・1参照）．微生物はセルロースやリグニンなどの多糖類を分解してエネルギー源，炭素源とすることができる．また，さまざまな窒素化合物を**窒素源**として利用でき，一部の細菌は空気中の窒素をアンモニアに固定して利用できる．

微生物の生育には炭素源と窒素源のほかにも，リン，硫黄，カリウム，カルシウム，マグネシウムなどの多くの**ミネラル**が必要である．マンガン，鉄，コバルト，銅，亜鉛などの**微量元素**も微生物細胞の維持と増殖に欠かせない．微生物によっては**ビタミン**などを生合成できないため，特定の**増殖因子**を要求するものがある．増殖因子は微生物細胞内で代謝に関わる酵素の**補酵素**として働く場合が多い．

5・2　生育のための環境条件

微生物は多様な環境で生育するが，個々の微生物についてみると生育可能な環境条件の範囲は必ずしも広くない．微生物の生育に影響を与える重要な環境因子とし

ては，温度，pH，水分，酸素濃度，浸透圧などがある．そこで，食品などを微生物による腐敗から防ごうとする場合には，微生物の生存に適さない環境条件におけばよいことになる．

　生育可能な**温度**の範囲は微生物によって大きく異なっており，これを**生育温度**という．**低温菌**は15〜20℃でよく生育するが，0℃以下で生育するものもある．冷蔵庫の中の食品が腐敗することがあるのは低温菌による．**中温菌**は25〜40℃でよく生育するもので，細菌の多くがこれに当たる．ほとんどのヒトの病原菌は，体温の37℃付近で最もよく増殖する．中温菌には食品の腐敗を起こす微生物が多い．**好熱菌**は50〜60℃でよく生育する微生物で，温泉水や堆肥の中などに多い．堆肥中によくみられる細菌フィルミクテス類の *Geobacillus stearothermophilus* は最高75℃までの環境で生育する．好熱菌は高温条件で生育できることから，耐熱性酵素の生産にも使われている．PCR反応（ポリメラーゼ連鎖反応）で利用される *Taq* DNAポリメラーゼは細菌デイノコックス–テルムス類の *Thermus aquaticus* が生産するもので，95℃でも失活しない．なお，深海の熱水噴出口の近くでは，120℃でも生育できる**超好熱菌**が見つかっている．

　微生物の生育には**pH**が大きく影響し，それぞれの微生物には生育に適したpHの範囲，つまり至適（最適）pHがある．大多数の微生物は中性のpH 7付近で最もよく生育するが，酸性やアルカリ性の環境を好むものもいる．**好酸性菌**はpH 0.1〜5.4の酸性環境で生育する微生物である．酢酸菌や乳酸菌，菌類，酵母などは，pH 5付近の微酸性の条件でよく生育する．硫黄酸化細菌（ガンマプロテオバクテリア）の *Acidithiobacillus thiooxidans* はpH 1〜4で生育する．火山などに分布する古細菌クレンアーキオータ類の *Sulfolbus* 属菌はpH 1付近でも生育する．**好アルカリ性菌**はpH 9.0〜11.5の範囲でよく生育し，コレラ菌 *Vibrio cholerae* はpH 9付近で最もよく生育する．好アルカリ性菌が生産する酵素はアルカリ性環境でも安定なため，家庭用洗剤などにも添加されて利用されている．なお，好酸性菌や好アルカリ性菌などの微生物は強力なプロトンポンプをもち，細胞内部のpHを中性に保って生命活動を行っていることが明らかになっている．

　微生物は小さく，細胞が外部環境にさらされているために，生育には十分な**水分**が必要である．多くの細菌は水分含量が40%以上の環境を好むが，菌類はそれ以下でも生育できる．乾燥条件では，微生物は芽胞や胞子をつくって生き延びる．

　微生物の酸素要求性はさまざまで，微生物は生育に酸素（O_2）を必要とする好気性菌と必要としない嫌気性菌との二つに大別される．**好気性菌**はO_2による障害に対する防御機構を備えているため空気が存在する環境で生育できるが，**嫌気性菌**はそのような機構をもたないため空気が存在する条件では生育できない．通常濃度より低いO_2濃度を好む微生物を**微好気性菌**という．O_2がないと生育できないものは**偏性好気性菌**，O_2があると生育できないものを**偏性嫌気性菌**という．また，どちらの環境でも生育できるものを**通性嫌気性菌**という．このうちO_2を呼吸に利用せず，O_2に対する防御系をもっているものを特に**酸素耐性菌**という．以上の代表的な微生物を表5・1に示した．

　微生物細胞は細胞内が高張液に満たされているため，ほとんどの微生物は高濃度の塩類を含む溶液中では**原形質分離**を起こし，生育できない．しかし，**好浸透圧菌**

温度 temperature

生育温度 growth temperature
生育に最も適した温度範囲は至適（最適）温度 optimum temperature という．

低温菌 psychrophiles [*pl.*] 好冷菌ともいう．-phile は "〜を好む" という意味．

中温菌 mesophiles [*pl.*]

好熱菌 thermophiles [*pl.*]

超好熱菌 hyperthermophiles [*pl.*] 深海の熱水噴出孔付近で発見された古細菌ユリアーキオータ類の *Methanopyrus kandleri* は122℃まで生育可能である．

pH 水素イオン指数．水素イオン濃度の指標となる値．

好酸性菌 acidophiles [*pl.*]

好アルカリ性菌 alkalophiles [*pl.*]

水分 moisture

好気性菌 aerobes [*pl.*]

嫌気性菌 anaerobes [*pl.*]

微好気性菌 microaerophiles [*pl.*]

偏性好気性菌 obligate aerobes [*pl.*]

偏性嫌気性菌 obligate anaerobes [*pl.*]

通性嫌気性菌 facultative anaerobes [*pl.*]

酸素耐性菌 aerotolerant anaerobes [*pl.*]

原形質分離 plasmolysis

好浸透圧菌 osmophiles [*pl.*]

表 5・1　酸素要求性による微生物の分類

	酸素利用	酸素呼吸	おもな微生物
好気性菌			
偏性好気性菌	利　用	する	枯草菌, 緑膿菌, 結核菌
微好気性菌	低濃度	する	根粒菌, カンピロバクター
嫌気性菌			
偏性嫌気性菌	不　要	しない	酪酸菌, クロストリジウム, メタン菌
通性嫌気性菌	不要/利用	しない/する	大腸菌, パン酵母, ブドウ球菌
酸素耐性菌	不　要	しない	乳酸菌

は砂糖漬け食品などのような高浸透圧環境でも生育できる. 子嚢菌類の *Aspergillus glaucus* の変種はレンズの表面に生え, 担子菌類の *Wallemia sebi* は羊かんやジャム, 甘納豆などにも発生する. 塩田や塩漬け食品などの高濃度の食塩がある環境から分離されるものは, **好塩菌**という. 醤油もろみに発生する子嚢菌類の耐塩性酵母 *Zygosaccharomyces rouxii* がその代表である. なお, 食塩に対する耐性と浸透圧に対する耐性は機構が異なる.

好塩菌 halophiles [*pl.*]

圧力 pressure
好圧菌 barophiles [*pl.*]

　多くの微生物は**圧力**(水圧)の変化に耐えることができるが, 300気圧以上では生育阻害が起こる. 深海からは600気圧以上の圧力の環境でも生育する**好圧菌**が分離されている.

紫外線 ultraviolet, UV

　光合成微生物にとって光はエネルギー源になるが, 波長260 nm付近の**紫外線**はDNAに障害を与えるので有害である. 紫外線ランプは実験室や調理場などの滅菌に使われている. なお, 波長365〜450 nmの可視光線を紫外線と同時に照射すると, DNA障害を修復する酵素系が活性化されるために生菌数が著しく多くなる(これを光回復という. §6・1参照). エネルギーが高いX線やγ線などの**放射線**は微生物に有害であるが, 缶詰のγ線滅菌の実験中に発見された細菌デイノコックス-テルムス類の *Deinococcus radiodurans* はヒトの1000倍以上の放射線耐性をもつ. X線やγ線による滅菌は熱に弱い医療用プラスチック製品などに使われる. なお, 日本では滅菌を目的とした食品への放射線照射は認められていない.

放射線 radiation

❀ ま と め

- 微生物は細胞分裂によって成長し, ほとんどの細菌は二分裂で, 一部の細菌や酵母は出芽によって増殖する.
- 微生物の1世代とは分裂直後から次の分裂の直前までの時間で, 世代時間とよぶ.
- 細菌を新しい培地に接種し, 培養時間に対する生細胞数対数の変化を描くと増殖曲線が得られる.
- 微生物は多様な炭素源, 窒素源を利用でき, 生育にはミネラルや微量元素を必要とする.
- 微生物の生育に影響を与える重要な環境因子としては, 温度, pH, 水分, 酸素濃度, 浸透圧などがある.

- 微生物は至適温度により，低温菌，中温菌，好熱菌，超好熱菌に分けられる．
- 微生物は中性から微アルカリ性の環境でよく増殖するが，酸性やアルカリ性の環境を好む好酸性菌，好アルカリ性菌もいる．
- 微生物は酸素要求性により，好気性菌，嫌気性菌，通性嫌気性菌などに分けられる．
- 微生物には高い浸透圧環境を好む好浸透圧菌や高い食塩濃度環境で生育する好塩菌，高い圧力に耐える好圧菌などがある．

6 変異と遺伝的組換え

微生物はなぜ，どのようなしくみで変異するのか，また，微生物の遺伝子はどのように組換えられるかを学ぼう．

6・1 変異と適応

生物が工業製品とは異なる大きな特徴の一つに，変異することがある．微生物はたえず変異を繰返し，多様な子孫を残すことによって環境変化などの困難を克服して生き残ってきた．微生物の進化も変異の蓄積がもたらしたものである．

生物の遺伝情報であるDNAはさまざまな原因によって複製ミスを起こして**遺伝子型**を変化させ，**表現型**が異なる子孫をつくり出す．この現象が**突然変異**である．真核生物の多くはゲノムを2組もつ**二倍体**であるため，片方の遺伝子に突然変異が生じても対立遺伝子が正常であれば表現型は変化しない．しかし，原核生物は**半数体**でゲノムを1組しかもっていないため，遺伝子に突然変異が起こると表現型にも変化が起こる．細菌の場合，自然に起こる**突然変異率**は1遺伝子当たりおよそ $1/10^8$ であり，世代時間が短いため，短時間に多くの**突然変異体**が生じることになる．

突然変異はDNA中の1塩基置換による**点変異**のほか，一部のDNA領域が欠落する**欠失**，別のDNA断片が差し込まれる**挿入**，一部のDNA領域が逆向きになる**逆位**，あるDNA領域が繰返されて並ぶ**重複**などによって起こる（図6・1）．また，点変異には，塩基が変化してもコードされるアミノ酸が変化しない**同義変異**，塩基

遺伝子型 genotype
表現型 phenotype
突然変異 mutation
二倍体 diploid
半数体 haploid 一倍体ともいう．
突然変異率 mutation rate 細菌の一つのコロニーは約 10^8 個の細菌から成り，細菌は少なくとも 10^3 個の遺伝子をもっているので，コロニー中には約1000個の突然変異体が含まれていることになる．したがって，濃厚な細菌培養で純粋といえるものはなく，培地のわずかな変化でも子孫は大きく変化することになる．

突然変異体 mutant
点変異 point mutation
欠失 deletion
挿入 insertion
逆位 inversion
重複 duplication
同義変異 synonymous mutation

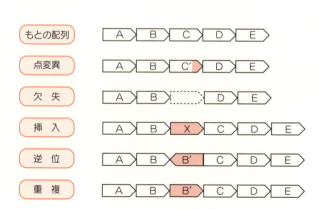

図6・1　突然変異によるDNA配列の変化

置換によってつくられるアミノ酸が別のものになる**ミスセンス変異**，塩基置換によって停止コドンができるためにタンパク質合成がそこで停止する**ナンセンス変異**，塩基の挿入または欠失によって読み枠がずれて以降のアミノ酸配列がまったく変わったタンパク質になる**フレームシフト変異**などがある（図6・2）．

ミスセンス変異 missense mutation

ナンセンス変異 nonsense mutation

フレームシフト変異 frameshift mutation

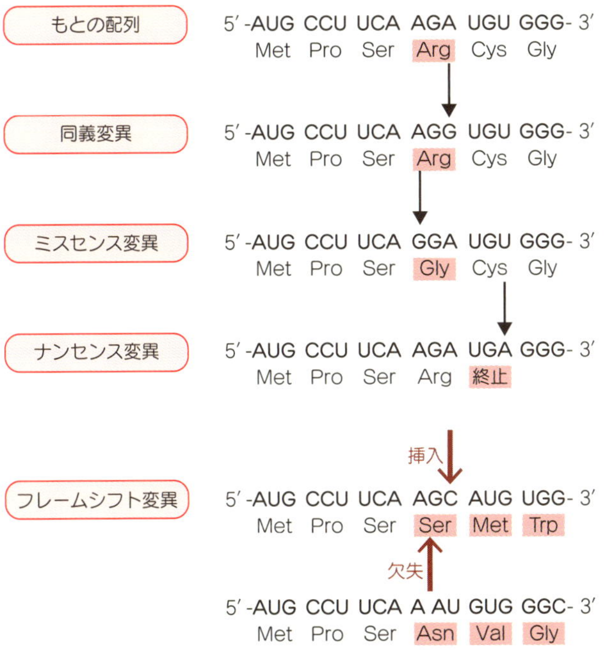

もとの配列	5′-AUG CCU UCA AGA UGU GGG-3′
	Met Pro Ser Arg Cys Gly
同義変異	5′-AUG CCU UCA AGG UGU GGG-3′
	Met Pro Ser Arg Cys Gly
ミスセンス変異	5′-AUG CCU UCA GGA UGU GGG-3′
	Met Pro Ser Gly Cys Gly
ナンセンス変異	5′-AUG CCU UCA AGA UGA GGG-3′
	Met Pro Ser Arg 終止
フレームシフト変異（挿入）	5′-AUG CCU UCA AGC AUG UGG-3′
	Met Pro Ser Ser Met Trp
フレームシフト変異（欠失）	5′-AUG CCU UCA A AU GUG GGC-3′
	Met Pro Ser Asn Val Gly

図6・2　塩基変異によるタンパク質のアミノ酸配列の変化

　自然界（野生）で最も一般的な系統である**野生型**は，その生物の標準として遺伝学実験で用いられる．野生型は突然変異によって特定のアミノ酸や増殖因子などの生育に必要な代謝産物の合成能力を失うと，それらの栄養素を添加した培地でないと生育できなくなる．これは**栄養要求変異体**とよばれ，遺伝子と酵素との対応関係の解析や**遺伝子地図**の作成に役立てられてきた．**耐性変異体**は，突然変異によって抗生物質やバクテリオファージなどに対する耐性を獲得したものである．また，**温度感受性変異体**は，ある温度以上またはある温度以下の条件で生育できなくなるものである．これらの突然変異体を選別するには，**レプリカ法**が有用である．

　変異原は突然変異を誘発する化学物質または物理的作用で，正常なDNA合成を妨げるかDNAに損傷を起こすものである．5-ブロモウラシルなどの**塩基類似体**は，正常な塩基に代わって取込まれてDNAの複製や修復をかく乱する．ニトロソグアニジンなどの**アルキル化剤**はDNA塩基にアルキル基を付加する．亜硝酸などの**脱アミノ剤**は塩基の脱アミノを起こす．臭化エチジウムなどの**アクリジン誘導体**は，DNA二本鎖に入り込んでフレームシフト変異などを起こす．また，**紫外線**はおもに隣接する塩基間に**ピリミジン二量体**を形成し，その修復過程で変異を起こす．X線やγ線などの**放射線**は活性酸素を生じ，DNAを損傷する．これらの変異原を利用した突然変異体の誘導は，有用微生物の育種や改良に利用される．化学物質など

野生型 wild type

栄養要求変異体 auxotroph　たとえば，アミノ酸要求体などという．これに対して栄養要求性が変化する前のものを**原栄養体** prototroph という．

遺伝子地図 genetic map　染色体上にある各遺伝子の位置を示した地図．

耐性変異体 resistant mutant

温度感受性変異体 temperature sensitive mutant, *ts* mutant

レプリカ（プレート）法 replica (plating) method　平板培地上の微生物コロニー群を綿ビロードなどに写しとり，相対的位置を保ったまま別の培地に移す方法．たとえば，栄養要求変異体を得ようとする場合は，通常の培地と特定の栄養素を欠く培地でのコロニーを比較することにより変異体を選択できる．

変異原 mutagen

塩基類似体 base analog

アルキル化剤 alkylating agent

脱アミノ剤 deaminating agent

アクリジン誘導体 acridine derivative

紫外線 ultraviolet, UV

ピリミジン二量体 pyrimidine dimer

放射線 radiation

変異原性 mutagenicity　変異原としての作用の強さ．

エイムス法 Ames test　米国の生化学者エイムス（B. Ames, 1928-）が 1974 年に開発した試験法で，ネズミチフス菌のヒスチジン要求変異株の復帰変異誘発率により変異原性を判定する方法．

DNA 修復 DNA repair

光回復 photorepair, photoreactivation

除去修復 excision repair　光がない条件でも起こるので暗回復 dark repair ともいう．

組換え修復 recombination repair

SOS 修復 SOS repair　ゲノムに多くの突然変異体をもたらすが，これは長期的には新しい生態学的環境での生存の可能性を高めると考えられる．

選択 selection

適応 adaptation

継代 subculture　微生物株の一部を新しい培地に移して培養を繰返す操作．植継ぎともいう．

の**変異原性**を調べるには**エイムス法**などが使われる．

　DNA の損傷は細胞の生存に重大な影響を与えるため，微生物はさまざまな **DNA 修復**の機構を進化させてきた．**光回復**は紫外線照射によって変異した DNA の損傷が可視光線にさらされることによって修復される現象である．光回復酵素が紫色や青色の可視光を利用して，隣接塩基間にできたピリミジン二量体をもとの単量体に戻す．**除去修復**は DNA の損傷部分を切取り，損傷を受けていない側の鎖の情報をもとに正しい DNA を合成して修復する機構である．**組換え修復**は，変異原によって損傷を受けた DNA が複製されると損傷部位に対応する DNA 鎖にギャップが生じるが，このギャップを正常な DNA 鎖と組換えて埋め込む機構である（図 6・3）．また，**SOS 修復**は DNA に著しい損傷が起こって DNA 複製が阻害された場合に，15 種類以上の SOS 応答遺伝子とよばれる遺伝子が同時に誘導され，正確さを犠牲にして DNA 鎖の合成が行われる機構をいい，大腸菌で詳しく研究されている．

　自然条件下の微生物はある生態学的環境の中で多数の微生物と競合を続けており，常に強い**選択**を受けている．突然変異はたえず起こっていて多様な突然変異体が生じるが，環境条件が変化しない場合はその環境の中で生存能力をわずかでも減少させる突然変異体は淘汰されるので生き残ることはできない．自然条件では最高度の適合性が求められるため，微生物集団としての変異は許されないからである．しかし，生態学的環境が変わるとそれに最も**適応**した突然変異体のみが急速に増殖し，それ以外が淘汰されて微生物集団の優占株が短時間のうちに置き換わる．なお，微生物は自然環境から分離されて実験室環境に移されると生物的競合による選択圧が除かれるので，各種の性質が比較的自由に変化できるようになり，多くは実験室培地での生存に適応した微生物集団に変化する．その結果，実験室で**継代**を続けると微生物集団はコロニーの形態変化を起こしたり，病原性を失ったりする．これらは，もとの競合的環境に戻しても生存できなくなることが多い．

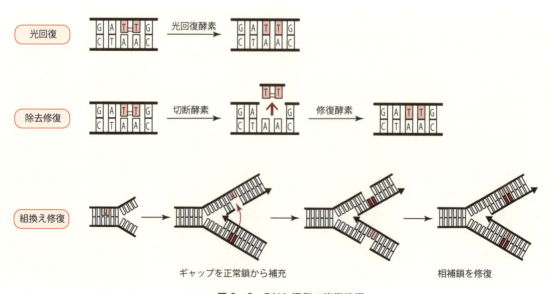

図 6・3　DNA 損傷の修復機構

6・2　遺伝的組換え

微生物は突然変異によって親とは違う子孫をつくり，生態学的環境が変化しても生き残るチャンスを増やすことができるが，それによってもたらされる多様性は必ずしも大きくはない．生物がより効率的に多様性を高めようとすれば，個体間の遺伝情報を組換える必要がある．

真核生物の多くは，**有性生殖**という遺伝的組換え方式を積極的に採用してきた．大きなコストがかかるにもかかわらず，多様性を劇的に高めることができるからである．原核生物でも遺伝的組換えが行われるが，真核生物の有性生殖が巧妙に組織的に行われるのに比べると無秩序で，雄性と雌性の配偶子の融合による接合子の形成過程はない．**供与細胞**の遺伝子の一部が**受容細胞**に移行して部分的な二倍体が形成された後に，遺伝的組換えが起こる．細菌での供与細胞から受容細胞への DNA 断片の伝達には，おもに，形質転換，形質導入，接合の三つの方法がある（図6・4）．これらは，**水平伝播**の機構として重要である．

有性生殖 sexual reproduction

供与細胞 donor cell

受容細胞 recipient cell

水平伝播 horizontal transmission　遺伝情報の母細胞から娘細胞への伝達（**垂直伝播** vertical transmission）ではなく，同世代の生物個体間あるいは生物種間の伝達をいう．

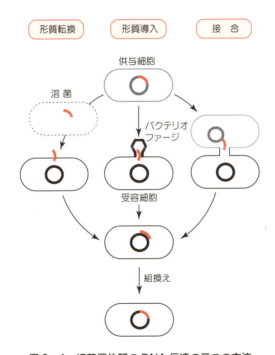

図6・4　細菌個体間の DNA 伝達の三つの方法

形質転換は細菌が外来 DNA を取込み，その遺伝情報が発現することによって細菌の形質が変化する現象である．フィルミクテス類の肺炎レンサ球菌などいくつかの属の細菌は，供与細胞が**溶菌**してできた遊離の DNA を細胞内に取入れ，ゲノム中に組込むことができる．大腸菌などは通常は外来 DNA を取込めないが，特定の実験操作を行うと DNA を取込める**コンピテント細胞**の状態になる．大腸菌コンピテント細胞は，通常はカルシウムイオン存在下で冷却して細胞膜の DNA 透過性を

形質転換 transformation　現在では植物などへの遺伝子導入操作についてもいう．ただし，動物への遺伝子導入は**トランスフェクション** transfection とよぶことが多い．

溶菌 bacteriolysis　ファージが宿主細胞に感染すると細胞内で増殖し，子ファージを放出して宿主細胞を死滅させる現象．

コンピテント細胞 competent cell

形質導入 transduction

バクテリオファージ bacteriophage　細菌を宿主とするウイルスの総称．ファージとよばれることも多い．

普通形質導入 general transduction

特殊形質導入 specialized transduction

溶原化 lysogenization　宿主に感染したファージが溶菌を起こさずに宿主ゲノムに組込まれること．

溶原性ファージ temperate phage　溶原性ファージは溶菌と溶原化の二つのサイクルをもち，溶菌サイクルのみで増殖する．一方，多くのファージは毒性ファージ virulent phage とよばれ，増殖の際に宿主細胞を溶菌させる．

プロファージ prophage　溶原化により宿主ゲノム内に組込まれて保存されるファージ．宿主細胞の分裂の際に子孫細胞に伝えられる．

接合 conjugation

プラスミド plasmid

F^+株 F^+ cell　雄株ともいう．

F^-株 F^- cell　雌株ともいう．

Fプラスミド F plasmid　Fは fertility（生殖能力）を意味する．

F線毛 F pilus (pl.-li)　性線毛 sex pilus (pl.-li) ともいう．

接合橋 conjugation bridge

Hfr株 Hfr strain　high-frequency recombination cell（高頻度組換え）に由来．

薬剤耐性遺伝子 drug resistance gene　遺伝子組換え実験では組換えに成功した生物を選び出すための目印（選抜マーカー）としても利用される．

転移因子 transposable element

挿入配列 insertion sequence, IS　IS因子ともいう．

逆位反復配列 inverted repeat, IR　IR配列ともいう．

トランスポザーゼ transposase

トランスポゾン transposon

増大させて作製し，遺伝子組換え技術に利用される．

　形質導入はDNA断片が供与細胞から受容細胞へバクテリオファージを介して伝達される現象で，普通形質導入と特殊形質導入の二つのタイプがある．

　普通形質導入はP1ファージなどによって起こるもので，供与細胞内でファージ粒子が組立てられる際に宿主DNAの遺伝子の一部がファージ粒子内に詰め込まれ，これが受容細胞に移入され，受容細胞の相同部位と組換えられることによって起こる．一方，特殊形質導入は，λファージなどの宿主遺伝子の特定の位置に挿入されて溶原化するファージによって起こる．これらの溶原性ファージとよばれるファージのゲノムはプロファージとして宿主ゲノムに組込まれて休眠するが，紫外線などの刺激によってファージが増殖を始める際に溶原部位の近傍の宿主DNAの一部が切出されて，受容細胞に伝達される．普通形質導入では供与細胞の多様なDNA断片が伝達されるのに対し，特殊形質導入では溶原部位近くのDNA断片のみが転移する．

　接合は供与細胞と受容細胞とが接触して遺伝情報を伝達するもので，細菌の染色体外のDNA分子であるプラスミドが伝達される．大腸菌には遺伝物質を供与する性質をもつF^+株とそれをもたないF^-株とがあるが，F^+株は細菌染色体に加えてFプラスミドをもつ．このプラスミドは約10万塩基対の大きさで，環状プラスミドとしても大腸菌ゲノムのいくつかの部位に組込まれた状態でも存在できる．F^+株とF^-株が近づくと，F^+株はF線毛を形成してF^-株を引き寄せ，接合橋とよばれる連結路を形成して，Fプラスミドの一本鎖DNAを送り込む．F^+株に残ったプラスミドの一本鎖DNAもF^-株に注入されたプラスミドの一本鎖DNAも二本鎖化されるので，F^-株もFプラスミドをもつF^+株になる．また，F^-プラスミドが染色体ゲノムに組込まれた状態のF^+株がF^-株と接合すると，Fプラスミドを開始点としてDNA複製を開始し，Fプラスミドに連結した形で一部の染色体ゲノムの情報もF^-株に伝達されるので，受容細胞ではこのDNAとの間で高頻度の相同組換えが起こる．このような場合の供与細胞をHfr株とよぶ．細菌の接合では薬剤耐性遺伝子がコードされたプラスミドが伝達されることが多く，これが薬剤耐性菌の急速な増加の一因になっている．なお，接合は繊毛虫類や酵母などでも知られ，それぞれ異なった機構によって遺伝的組換えが行われる．

　これらのほか，遺伝的組換えは転移因子とよばれる移動性DNA断片によっても起こる．これは配列間の相同性や特定の塩基配列を必要とせず，染色体上のある遺伝子から別の遺伝子へ，あるいは細胞から別の細胞へ移動できる．挿入配列は細菌がもつ長さ800〜2000塩基の小さな転移因子で，両端に約20塩基の逆位反復配列をもち，転移に必要なトランスポザーゼという酵素遺伝子をコードしている．挿入配列は細菌DNAにランダムに入り込むことができ，細菌ゲノムやプラスミド中には異なる挿入配列が複数コピー見いだされることが多い．一方，トランスポゾンは挿入配列よりかなり大きい．細菌のトランスポゾンは，2組の挿入配列の間に抗生物質耐性遺伝子などをもっているものが多い．

　これらの遺伝的組換え機構やプラスミドは現在では遺伝子工学技術として，広く応用されるようになった．有用微生物の育種にも活用されている．

ま と め

- 突然変異は生物の遺伝情報であるDNAに変異が起こるもので，遺伝子型が変化し，表現型が異なる子孫をつくり出す．
- 突然変異には点変異のほか，欠失，挿入，逆位，重複などがある．
- 点変異には同義変異，ミスセンス変異，ナンセンス変異，フレームシフト変異などがある．
- 突然変異を起こしたものを突然変異体といい，栄養要求変異体，耐性変異体，温度感受性変異体などがある．
- 変異原は突然変異を誘発する化学物質または物理的作用で，塩基類似体，アルキル化剤，脱アミノ剤，アクリジン誘導体，紫外線，放射線などがある．
- DNA修復機構には，光回復，除去修復，組換え修復，SOS修復などがある．
- 細菌での供与細胞から受容細胞へのDNA断片の伝達には，おもに，形質転換，形質導入，接合の三つの方法がある．
- 形質転換は細菌が外来DNAを取込み，その遺伝情報が発現することによって細菌の形質が変化する現象である．
- 形質導入は供与細胞のDNA断片がバクテリオファージにより受容細胞へ伝達される現象で，普通形質導入と特殊形質導入の二つのタイプがある．
- 接合は供与細胞と受容細胞とが接触して遺伝情報を伝達するもので，細菌の染色体外のDNA分子であるプラスミドが伝達される．
- これらのほか，遺伝的組換えは転移因子とよばれる移動性DNA断片によっても起こる．

7 分布と生態

微生物は地球上のどのような環境に分布するのだろう．また，微生物が他の生物とどのような相互関係を結んで生息しているかについても学ぼう．

7・1 自然界における分布

微生物はきわめて多様で，地球上のほぼすべての環境に生息している．以前は生物が生息できないと考えられてきた深海の熱水噴出孔や地下深くの岩石中からも，特異な微生物が発見されるようになった．ただし，それぞれの微生物種が生息できる環境条件は狭い範囲に限られている場合がほとんどである．次に，大気圏，水圏，深海，地圏，地下に分けて，微生物の分布状況をみることにしよう．

大気圏 atmosphere

大気圏は微生物の生育に必要な栄養素と水が乏しいので，空気中で生育する微生物はほとんどない．しかし，空気は比較的均一で流動性に富むので，微生物の分散や伝達の媒体として重要である．空気中での微生物量は一般的には地表付近で最も多く，地表近くの大気からは 1 L 当たり約 100 個の微生物が検出されるが，高度が高くなるにつれて減少する．高い高度の大気中に分布する微生物には菌類胞子が多い．高度 10,000 m 以上の成層圏でも，菌類胞子や細菌，細菌芽胞が検出されている．植物病原菌などの菌類胞子もジェット気流によって微生物雲とよばれる集団として長距離を移動することが知られている．また，咳などによる空気感染はヒトの感染症の伝染方法として重要である．

水圏 hydrosphere
プランクトン plankton
バイオフィルム biofilm 多様な微生物群集により構成される膜状構造．

湖沼や河川，海洋などの**水圏**は，微生物の生育に適した環境といえる．**プランクトン**とよばれる藻類や原生動物は水面付近で自由生活をするが，水中の堆積物中や岩石などの表面に**バイオフィルム**を形成して分布する微生物も多い．水圏の微生物の生育は，栄養素の種類と濃度，酸素濃度，水温，光などの条件によって決定される．一般に外洋では栄養素の濃度が低く，微生物密度は低い．一方，農業用水や生活廃水が流入する河川や沿岸域では**富栄養化**が起こり，リン酸塩や硝酸塩の濃度が高くなる．これらの水域でシアノバクテリア類や藻類などが爆発的に増殖すると，**赤潮**とよばれる現象が起こる．これらの微生物が酸素を消費すると水中の溶存酸素が欠乏し，魚介類の大量死を招くことがある．なお，地下水中にはほとんどの場合，微生物はわずかしか分布しない．

富栄養化 eutrophication

赤潮 red tide

深海 deep-sea
熱水噴出孔 hydrothermal vent
冷水湧出帯 cold seep

深海は低温，高圧，暗黒の世界で有機物もほとんどないために，長い間生物は生息できないと考えられてきた．しかし，1970 年代末から深海探査が進んだ結果，深さ 3000 m 以上の海底でも，**熱水噴出孔**や**冷水湧出帯**を中心とする独特な生態系

が発見されるようになった．海嶺や海底火山の周辺にある熱水噴出孔からは300 ℃以上の熱水が噴き出しており，熱水中の硫化水素や水素をエネルギー源とする化学合成細菌や古細菌，また，それらを体内に共生させる**ハオリムシ**などが，周囲とは独立した生態系を形成する．冷水湧出帯は硫化水素やメタンを含む水が噴き出す海底の領域で，湧水の温度は周囲の海水よりやや高い．冷水湧出帯でもハオリムシなどを中心とした生物群集がみられる．

　地圏を構成する土壌は固相，液相，気相の3相すべてを含む複雑な環境で，多様で豊かな土壌微生物が分布する．土壌粒子は通常は粘土や砂が有機物由来の腐食や水，空気などを包んだ**団粒構造**をとり，これが細菌や菌類，原生生物などの活発な増殖の場となる．微生物の密度は地表付近の土壌で最も高い場合が多く，深くなるにつれて低下する．肥沃な畑の土壌は，1 g 当たり 10^7〜10^8 個の微生物細胞を含む．水田では表面水には藻類や原生動物が多く，その下の厚さ数 mm の酸化層とよばれる土壌では好気性細菌が多い．さらに，その下の還元層では脱窒菌やメタン菌などの嫌気性細菌が多くなる．水田土壌では水分が多いため団粒構造はない．土壌中では微小環境が重要で，たとえば，植物の根や植物断片の付近では十分な栄養分があるために微生物が活発に増殖するが，少し離れるだけで微生物密度は極端に低下する．また，土壌中の環境は降雨や微生物活動などによって目まぐるしく変化する．農業などを支えている土壌活性のおもな部分は微生物から放出された酵素に依存し，それらの酵素は粘土や腐食コロイドと結合することによって長期間活性を保つ．土壌微生物の一部はヒトや動植物の病原体としても重要である．

　地下の深部にも，私たちになじみのない生態系が広がっていることが明らかになってきた．地下数百 m から数 km にある岩石からも，多様な化学合成細菌や古細菌が見つかっている．これらは深海の生物群とともに，太古の微生物の子孫がほとんど変化せずに現在まで生き続けているものと考えられる．また，南アフリカの地下 4500 m の岩石中の水の中からは，水と硫化水素，岩石中の放射性物質の崩壊エネルギーだけに依存する特異な古細菌と細菌が発見された．地下深部に生育する微生物の総量は研究が少ないために明らかでないが，地上のバイオマスに匹敵するという研究者もいる．

　これらのほか，ヒトや動物，植物の表面や内部にもさまざまな微生物が生育する．私たちの食品や住居などの生活環境にも，さまざまな微生物が生息している．

ハオリムシ tube worm　チューブワームともよぶ．数十 cm の管状で，消化管などはもたない．

（写真：Charles Fisher）

地圏 geosphere
団粒構造 crumb structure

地下 subsurface

7・2　共生と寄生

　微生物は自然環境では多様な種が集まった群集として存在し，個々の種はそれぞれの相手と競争，共生，寄生などの複雑な関係を結んでいる．それらを理解するために，この項では2種の生物種間の関係に単純化し，**生物間相互作用**をみることにしよう．生物種間の相互作用は2種のそれぞれに利益があるかどうかで分類すると，競争，中立，共生，寄生などに整理できる（表7・1）．

　競争は2種の生物種が栄養素や生育場所を取り合って争う関係で，多くの生物間でみることができる．競争相手に勝つためには，相手よりも早く増殖して空間を占有する能力が重要である．抗生物質などを分泌して，相手の増殖を阻害しようとす

生物間相互作用 interaction

競争 competition

表7・1　生物間相互作用[†]

相互作用		A 種	B 種
競争		−	−
中立		±	±
共生	相利共生	+	+
	片利共生	+	−/±
寄生		+	−

[†] ＋：利益を受ける，−：害を受ける，±：利益・害がない．

中立 neutralism
共生 symbiosis

相利共生 mutualism
片利共生 commensalism
寄生 parasitism　ある程度以上の長期的な関係をいう．たとえば，ヒトの血を吸うダニやカはヒトに有害であるが，カの場合は接触時間が短いので寄生とはいわない．

地衣類 lichen　大気汚染に弱いため，その指標生物としても使われる．

る場合もある．**中立**は同一の場所に生育する2種が互いに利益も受けず害も与えない関係であるが，自然界ではまったく中立という関係はほとんどみられない．**共生**は2種の生物種間の長期的な何らかの依存的関係で，依存度が相互に高い場合からほとんどない場合まである．相互に利益を受けるものが**相利共生**，一方のみが利益を受けるものが**片利共生**，一方が害を受けるものが**寄生**であるが，それぞれの境界はあいまいで，厳密な区別は困難である．たとえば，ヒトの皮膚上の微生物は皮膚の分泌物に依存して生息していてヒトには直接利益を与えないが，有害な病原体の定着を防いでいる点では有益といえる．一方，それらの中には傷口の炎症や食中毒の原因になるものもあり，その場合は有害ということになる．共生関係の一方の生物種が他方に与える利益にはさまざまなものがあるが，栄養やエネルギーを供給する場合，養分吸収に都合のよい場所を与える場合，安全な生育場所を与える場合などがある．

地衣類は微生物間の相利共生の代表例で，菌類と緑色藻類あるいはシアノバクテリア類との複雑な共生体である（図7・1）．寒冷地などの他の生物が生育できない過酷な環境で，岩石や樹皮などの表面で生育するものが多い．地衣類を構成する菌類はほとんどが子嚢菌類で，菌糸構造体の内部の光合成微生物に生育場所を与え，無機栄養素や水を供給する．緑色藻類あるいはシアノバクテリア類は，光合成で得た有機物を菌類に供給する．

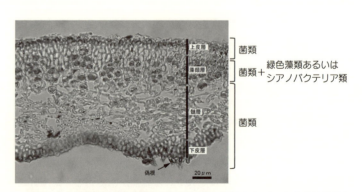

図7・1　**地衣類の断面構造**　写真提供：大村嘉人（国立科学博物館）

菌根 mycorrhiza

アーバスキュラー菌根
arbuscular mycorrhiza, AM　樹枝状菌根，**VA菌根** vesicular-arbuscular mycorrhiza ともいう．

微生物と植物との共生の例の一つは**菌根**である．菌根は，菌類の菌糸がシダ植物や種子植物などの細根に侵入して形成される．**アーバスキュラー菌根**は，グロムス

菌類などの菌糸が根の細胞内部まで侵入して樹状体および囊状体とよばれる構造をつくるものである（図7・2左）．グロムス菌類は，アカザ科やアブラナ科などを除くほとんどの植物に菌根をつくる．**外生菌根**では菌糸がマツ科，ブナ科などのおもに樹木の根の表面を覆い，一部の菌糸が細胞間隙にも侵入する（図7・2右）．外生菌根をつくる菌類は担子菌類が多く，キノコともよばれる子実体をつくる．これらの菌根菌はリンや水分などの吸収を助けるので，植物は乾燥に強くなり，肥料分の乏しい土壌でもよく育つようになる．菌根菌は農林業での生育促進資材としても利用される．ラン科植物は担子菌類とラン菌根を形成し，菌根菌に依存して生育する．

外生菌根 ectomycorrhiza 外菌根ともいう．

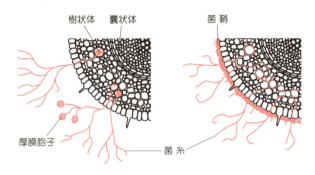

図7・2　グロムス菌類によるアーバスキュラー菌根（左）と担子菌類による外生菌根（右）

　農業上重要なのは**根粒**である．根粒は *Rhizobium* 属あるいは *Bradyrhizobium* 属のアルファプロテオバクテリア類土壌細菌がマメ科植物の根に共生してつくる粒状の構造で，根粒内部の細菌は空中窒素を固定して植物に供給し，植物は光合成によって得た有機物を細菌に供給する．同様に，アクチノバクテリア類 *Frankia* 属細菌はハンノキ科植物に共生して根に根粒をつくる．これらの植物は共生することにより，窒素の少ない荒地などでも旺盛に生育できるようになる．根粒菌はマメ科の作物や牧草の生産にも利用されている．また，水田や湖沼の表面に浮遊する水生シダの**アカウキクサ**は内部にシアノバクテリア類が共生していて，シアノバクテリア類は固定した窒素を宿主に供給する．アカウキクサは東アジアや東南アジアでは，水田の緑肥，家畜や魚類の飼料としても利用される．

　微生物と動物との共生の例としては，サンゴ礁の浅い海に生育する**シャコガイ**と渦鞭毛藻類との共生がある．シャコガイは必要な栄養素のほとんどを外套膜内に共生した渦鞭毛藻類による光合成に依存する．また，イカや魚類の一部では，共生細菌による**生物発光**が誘引，撃退，通信などの手段を提供している．

　木材を食べる**シロアリ**と**キゴキブリ**では，後腸の袋状に拡張した部分に原生生物が密に詰め込まれていて，セルロース分解はおもに原生生物が担っている．原生生物も多様な共生細菌を抱えていて，腸内微生物は窒素やアミノ酸を宿主に供給する．これらの共生微生物は，若虫が成虫が排泄した小滴あるいは糞塊を食べることによって次代に伝達される．**アブラムシ**はアリとの共生関係が知られているが，**ブフネラ**というガンマプロテオバクテリア類細菌とも共生している．アブラムシはブフネラの生育のために特別な細胞を提供し，ブフネラはアブラムシに篩管液には含

根粒 root nodule

アカウキクサ *Azolla* アゾーラともよばれる．

シャコガイ giant clam, Tridacninae

生物発光 bioluminescence
シロアリ termite
キゴキブリ *Cryptocercus*

アブラムシ aphid アリマキともいう．
ブフネラ *Buchnera*

まれない必須アミノ酸を供給する．単為生殖するアブラムシでは，ブフネラは幼虫のもとになる初期胚に取込まれて次代に伝達される．

微生物と動物との相利共生は，ウシ，ヒツジ，キリン，ラクダなどの反芻動物の反芻胃でもみられる．反芻胃はウシでは 100 L にもなる巨大な発酵タンクで，セルロースや他の多糖類が嫌気性の細菌や原生生物によって単糖にまで分解される．単糖は発酵によって，脂肪酸，メタン，二酸化炭素に変換される．脂肪酸は反芻胃で吸収されて炭素源，エネルギー源となる．増殖した微生物は消化され，微生物が生産したタンパク質やビタミン類は宿主に利用される（図7・3）．

> 反芻胃 rumen 反芻動物がもつ四つの連続した胃の第1,2胃．ルーメンともいう．メタンは利用されず，げっぷなどとして体外に放出される．

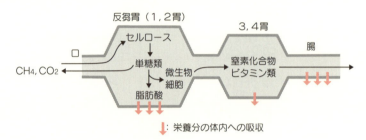

図7・3 反芻動物の消化管における代謝

動植物の表面，ヒトの体表などではさまざまな微生物が生育しているが，これを**常在微生物相**という（表7・2）．常在微生物の多くは安定的に生育していて，病原体の定着を防いでいる．多くは手洗いや入浴などではほとんど除去されない．ヒトの鼻腔内に分布し，毛髪や手指に移行することが多いフィルミクテス類細菌の黄色ブドウ球菌は，食中毒の原因ともなる．健康なヒトの胃は胃酸によりpHが低く保たれているので，微生物は少ない．消化管内における微生物の密度は小腸から，大腸，結腸にいくに従って増加する．ヒトの**腸内細菌**は 500 種類 100 兆個以上あるといわれ，ヒトの細胞数 60 兆個を越える．1 人当たりの総重量は約 1.5 kg にもなり，糞便の 1/2〜2/3 は腸内細菌とその死骸である．腸内細菌はほとんどが嫌気性で，食物繊維である多糖類の分解，ビタミン K，ビオチンなどの生産のほか，腸管免疫による病原体防御など，健康維持に重要な役割を果たしている．ヒトの健康維持には腸内細菌の良好な**フローラ**を維持することが重要であることが明らかになり，フローラ改善を目的として乳酸菌などの**プロバイオティクス**が摂取されるようになった．腸内細菌は重篤な下痢などによって除去されるが，虫垂はそのような場合に備えて優良な腸内細菌を備蓄しておくための器官だったと考えられる．また，健康

> 常在微生物相 normal microflora

> 腸内細菌 intestinal bacteria [pl.]

> フローラ flora 元来はある地域の植物相をさすが，微生物学では微生物集団の全体をいう．

> プロバイオティクス probiotics [pl.] 腸内フローラの改善に有効とされる微生物あるいはそれを含む食品をいう．

表7・2 ヒトの常在微生物

部位	微生物密度	おもな微生物
皮膚	$10^5 \sim 10^6/cm^2$	表皮ブドウ球菌，プロピオン酸菌，酵母
口腔	$10^4 \sim 10^5/mL$	レンサ球菌，乳酸菌
腸管	$10^3 \sim 10^{12}/mL$	乳酸菌，レンサ球菌，バクテロイデス属菌，大腸菌，ビフィズス菌，クロストリジウム属菌
膣	$10^5 \sim 10^6/mL$	乳酸桿菌

な女性の膣内にはフィルミクテス類ラクトバチルス（乳酸桿菌，*Lactobacillus* 属）が定着していて，膣上皮から分泌されるグリコーゲンから乳酸を生産して pH を低く保ち，病原菌などの増殖を阻止している．なお，ヒトの胎児は無菌であるが，常在微生物の多くは出産時の産道通過により獲得される．

一方，寄生は片方の生物が一方的に利益を得る長期的な関係である．寄生する側を**寄生者**，寄生される側を**宿主**，そしてこれらの生物間の関係を**宿主寄生者間相互作用**とよぶ．微生物の一部は**病原体**として他の生物に**感染**し，**病気**を起こす．ヒトや動植物などは病原体に対する防御機構を発達させているので，特定の宿主に**病原性**をもつ微生物の数は限られ，寄生者と宿主との関係は特異性が高い．病原体が示す病原性の程度は**ビルレンス**とよぶ．

病原体による宿主への感染は一定のプロセスを経て行われる．宿主の体表面は外部からの侵入を防ぐ構造になっているが，傷口や昆虫のかみ傷が侵入の場になることがある．植物病原菌のなかには，体表のクチクラと細胞壁に穴を開けて侵入するものがある．生物には病原体の侵入に対して弱い部位があり，ヒトや動物では，呼吸器や泌尿生殖器などの粘膜から感染が始まることが多い．侵入した病原体は宿主内の適当な場所に移動し，感染が成立すると増殖を始める．発病しても症状がほとんど現れずに，保菌者として病原体を放出し続ける場合もある．病原体が放出される場所はさまざまで，ヒトや動物では咳などで飛び散るほか，糞便，泌尿生殖器，皮膚などによる．病原体がほかの宿主へ伝染されるのにはさまざまな経路がある．性感染症では直接の接触が必要であり，呼吸器感染の多くは唾液の小滴によるしぶき感染による．腸内感染は汚染された食物や飲料水による．植物の菌類病では胞子が風で運ばれる空気感染が多く，ウイルス病の多くは昆虫などの媒介者によって媒介される．

寄生者のなかには，病気とは異なる形で宿主に害を及ぼすものもある．アルファプロテオバクテリア類の**ボルバキア**はクモや線虫になどに感染して病気を起こすが，昆虫では効率的に母系伝播をするために宿主の生殖システムを操作し，オス殺し，性転換，単為生殖化などを起こす．テネリクテス類細菌の**スピロプラズマ**もショウジョウバエに寄生して，オス殺しなどを起こすことが明らかになった．

これらのほか，化学物質による微生物間相互作用も知られている．**フェロモン**は菌類などで知られ，胞子や子実体の形成，抗生物質生産，雌雄個体の誘引などに関わっている．**クオラムセンシング**は一部の細菌が信号物質を分泌して自分と同種の生息密度を感知し，それが一定以上の密度になると特定物質の生産を開始する現象である．

ところで，寄生あるいはその結果としての病気は，自然界ではどのような役割を果たしているのだろう．微生物の多くは通常は**腐生者**として有機物を分解し，物質循環の一翼を担っている．寄生の場合には宿主が生きているうちから分解を始めることになるが，これは大動物による小動物の捕食と同等であり，生態学的には分解過程の一部と考えられる．異常気象などによって特定の種が急増した場合に，その種の個体数を減らす役割も知られている．また，自然界では寄生は宿主集団のすべての個体に均一には起こらない．寄生はその環境条件のなかで個体としての能力が劣っているものから順番に間引くので，宿主集団としてはより優れたものが生き残

7. 分布と生態　45

寄生者 parasite

宿主 host

宿主寄生者間相互作用　host-parasite interaction

病原体 pathogen　病気の原因のうちウイルスならびに生物性のものをいう．

感染 infection

病気 disease　病原微生物の感染によって起こる病気を特に**感染症** infectious disease という．

病原性 pathogenicity　宿主に感染して病気を起こす能力をいう．

ビルレンス virulence　毒性，病毒性ともいう．

ボルバキア Wolbachia

ボルバキアによる昆虫のオス殺し

ボルバキアに感染するとオスのみが卵あるいは幼虫の間に死に，成虫はメスのみになる．ボルバキアは卵により次代に伝わるので，ボルバキアの子孫を残すことができないオスを殺し，メスの食料を増やすためと考えられている．

スピロプラズマ *Spiroplasma*

フェロモン pheromone

クオラムセンシング quorum sensing

腐生者 saprophyte

ることになる．宿主は寄生者に対抗するためにも変異を続ける必要があり，これが進化の要因の一つになっていると考えられる．

まとめ

- 微生物は地球上のほぼすべての環境に生息している．
- 空気中で生育する微生物はほとんどないが，空気は微生物の分散や伝達の媒体として重要である．
- 湖沼や河川，海洋などは，微生物の生育に適した環境で，自由生活するもののほか岩石などの表面にバイオフィルムを形成して分布する微生物が多い．
- 土壌は複雑な環境で，多様で豊かな土壌微生物が分布する．
- 深海や地下深部などからも微生物群が見つかっている．
- 2種の生物種間の相互作用には競争，中立，共生，寄生がある．
- 共生は2種の生物種間の長期的な何らかの依存的関係である．
- 微生物と植物との共生としては地衣類，菌根，根粒などが，また，微生物と動物との共生にはシロアリと原生生物，反芻動物と原生生物などがある．
- ヒトの体表などにも多様な常在微生物が生育していて，病原体の定着を防いでいる．
- 寄生は片方の生物が一方的に利益を得る長期的な関係である．
- 微生物の一部は病原体として他の生物に感染し，病気を起こす．
- 病原体による宿主への感染は一定のプロセスを経て行われる．

微生物の分類

8 生物の分類システム

微生物を科学的に取扱うためには，微生物の各グループの特徴を知っておく必要がある．微生物分類の概要を理解しよう．

8・1 生物の分類

　微生物を調べ，科学的に取扱うためには，前提として正しい分類が不可欠である．対象とする微生物に名前を付け，類似性や相違をもとにこれまでに知られている生物群との関係をみきわめ，位置づけるのが**分類**で，生物を分類する学問領域を**分類学**という．

　生物の分類では，**種**が基礎的な**分類群**である．**属**は近縁の種をまとめた分類群であるが，明確な基準はない．また，属以上の分類階級には，**科，目，綱，門，界**などがある．分類が変動することが多いので，本書では分類階級である"門"や"綱"などは使わず"類"を用いる．種は差を生じにくい共通の性質をもつものとされ，動植物などでは交配により生殖能力のある子孫を残すものをさした．しかし，この基準は微生物には適用できないため，再現性があり判定が容易な，人為的な基準が用いられてきた．細菌などの分類では，細胞の形，大きさ，染色性，芽胞の有無，鞭毛の有無と運動性などの形態的性質が最も重視され，栄養要求性，酸素要求性，生育温度，コロニーの形状などの培養所見や，代謝産物や特異な酵素と代謝系の有無，DNA の **GC 含量**などの生化学的性質，抗体による血清学的性質なども含めて分類が行われてきた．細菌の場合は，同一種かどうかの判定は **DNA−DNA ハイブリダイゼーション**によって確認されることが多い．

　現在では生物の分類は，16S/18S rRNA 遺伝子など多くの生物が共通にもっている遺伝子の塩基配列データを使った**分子系統解析**によることが多い．これは DNA 塩基配列の変異が進化の時間経過に対応して増加するという分子進化の考え方に基づくもので，データベース上に塩基配列データが蓄積されるようになった 2000 年

分類 classification
分類学 taxonomy
種 species（単複同形．省略形は単数形が sp., 複数形が spp. となる．
分類群 taxon (*pl.* taxa) 分類単位ともいう．
属 genus (*pl.* genera)
科 family
目 order
綱 class
門 phylum (*pl.* -la) ただし，植物と菌類では division を使う．
界 kingdom
GC 含量 GC content DNA 塩基中のグアニン塩基とシトシン塩基の割合．
DNA−DNA ハイブリダイゼーション DNA−DNA hybridization 分子交雑法ともいう．それぞれの遺伝子断片を一本鎖にして二本鎖を形成させ，その結合度により類似性を判定する．
分子系統解析 molecular phylogenetics

学名の読み方

　学名はラテン語なので，ほとんどの場合はそのままローマ字読みすればよい．ただし，英米の研究者の多くは英語読みで発音する．たとえば，大腸菌の学名 *Escherichia coli* はラテン語読みでは，"エスケリキア・コリ"となるが，米国では"エシェリキア・コーライ"と読まれることが多い．本書ではできるだけラテン語読みに近い表記を心がけたが，一部は慣用に従った．

頃から広く行われるようになった．系統樹の作成には**近隣結合法**や**最尤法**などが使用され，確実性の指標としては**ブートストラップ値**を用いる．現在ではさらに，生物の一部の遺伝子配列だけでなく，ゲノム全体を比較して進化経路を解析しようとする試みもある．

微生物の**学名**は，ウイルス以外については他の生物と同じくスウェーデンの博物学者リンネが確立した**二語名法**が使われる．基本的にはラテン語を用い，属名と種小名の2語を組合わせてイタリック表記する．たとえば，大腸菌は属名が *Escherichia*，種小名が *coli* で，*Escherichia coli* が学名である．これを同じ文章中で2度目以降に示す場合は，属名を省略形にして *E. coli* とする．属名まではわかっていて種を特定できない単一種を示すには *Escherichia* sp.，また，複数種を示す場合は *Escherichia* spp. とする．同一種内でも病原性などの性質が異なるものを分けて示す必要がある場合には種小名の後にさらに亜種名などを加えた三語名法が使われる．ウイルス，ウイロイドの学名は，英語の慣用名の最初の文字を大文字にし，全体をイタリック表記にしたものが使われる．

なお，微生物の学名は分類に従って命名されるが，微生物学は医学，醸造学，植物学とともに発展してきたため，学名とは別に広く一般に普及している和名も数多くある．

8・2 生物の大分類

以降の章で微生物の各グループについて特徴をみていくが，そのために微生物も含めた生物分類の全体像を理解しておくことにしよう．生物の高次分類についての考え方は，時代によって大きく変わってきた（図8・1）．

生物はギリシャ時代以降の長い間，動物と植物とに分けて認識されてきた．リンネの時代にはまだ進化の概念がなかったが，**ダーウィン**が登場して生物進化が議論

近隣結合法 neighbor-joining method NJ法ともよぶ．

最尤法 maximum likelihood estimation

ブートストラップ値 bootstrap values （生物Aと生物Bとで塩基が一致する回数）÷（検証回数のパーセンテージ）で，近縁であるほど100に近づく．

学名 scientific name 国際的な命名規約に基づいて決められる．

リンネ C. von Linné (1707–1778) 分類は形態等の類似性によって行った．

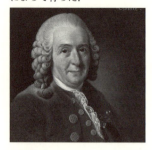

二語名法 binomial nomenclature

Escherichia coli 属名は大腸菌の発見者であるドイツ/オーストリア人医師のエッシェリヒ (T. Eshcherich, 1857–1911) に，種小名はラテン語で大腸を意味する colon にちなむ．

ダーウィン C. R. Darwin (1809–1882)

三界説	五界説	3ドメイン説	八界説	5スーパーグループ	本書での分類
ヘッケル 1866年	ホイッタカー 1969年	ウーズ 1990年	キャバリエ-スミス 1998年	国際原生生物学会 2012年	
原生生物界	モネラ界	真正細菌	細菌界	細菌	細菌
		古細菌	古細菌界	古細菌	古細菌
	原生生物界	真核生物	アーケゾア界	エクスカバータ	原生生物
			原生動物界	SAR	
			クロミスタ界		
	菌界		菌界	アーケプラスチダ	菌類
植物界	植物界		植物界	アメーボゾア	植物
動物界	動物界		動物界	オピストコンタ	動物

図8・1 生物の高次分類の考え方 ただし，5スーパーグループは真核生物を再分類したもので，それまでの界とは対応していない．

されるようになると，生物の高次分類が問題にされるようになった．19世紀に入ると，ドイツの生物学者**ヘッケル**は，動物と植物以外の生物のグループとして**原生生物**を提唱し，生物全体を三つの界に分けた．その後，電子顕微鏡によって細胞内部が観察できるようになると原核生物と真核生物の違いが明らかになり，1969年に米国の生態学者の**ホイッタカー**は，生物をモネラ界，原生生物界，菌界，植物界，動物界の五つに分けた．この五界説は広く受け入れられ，共生進化を考えた**マーギュリス**にも支持された．

ところが，細菌についての生化学的研究や分子系統解析が進むと，形態的にはほとんど区別がつかない原核生物が大きく異なる二つのグループに分かれることがわかった．**ウーズ**は1977年に**真正細菌**と**古細菌**とを二つの界に分け，さらに1990年には界の上位に三つの**ドメイン**（超界）を設けて，生物全体を**細菌（バクテリア）ドメイン**，**古細菌（アーキア）ドメイン**，**真核生物ドメイン**の3ドメインに分類することを提唱した（図15・5参照）．この3ドメイン説は広く受け入れられるようになった．ただし，真核生物の原生生物界と菌界は雑多な生物群を含んでいたので，その後英国の進化生物学者**キャバリエースミス**は生物全体を八つの界に分ける八界説を提案した．

2000年代に入って分子系統解析が進んだ結果，現在では生物の高次分類についても大きく見直されるようになった．生物の進化過程は系統樹として表すことができるが，進化の過程では細胞内共生が何度も起こり，遺伝子の水平移動も高頻度で起こったことが明らかになっている．生命の系統樹も枝は単純に分かれているのではなく，実際には互いに複雑に絡み合っている．

2005年に国際原生生物学会は界を廃止し，真核生物を六つの**スーパーグループ**に再編した．その後，2012年には真核生物を改めて五つのスーパーグループに再編している（表8・1）．それによると，灰色藻類，紅色藻類は緑色藻類，陸上植物とともに一つのスーパーグループになり，襟鞭毛虫類，菌類は後生動物とともに

ヘッケル E. H. Haeckel（1834–1919）

原生生物 protist 原生生物界はKingdom Protistaとなる．

ホイッタカー R. H. Whittaker（1920–1980）

マーギュリス L. Margulis（1938–2011）

ウーズ C. R. Woese（1928–2012）

真正細菌 eubacteria [*pl.*]

古細菌 archaebacteria [*pl.*]

ドメイン domain

細菌ドメイン Domain Bacteria

古細菌ドメイン Domain Archaea

真核生物ドメイン Domain Eukaryota (Eukarya)

キャバリエースミス T. Cavalier-Smith（1942–　）

スーパーグループ supergroup 界や門などの従来の分類階級とは独立に設定された分類階級．

表8・1　国際原生生物学会（2012年）により提唱された5スーパーグループ

		ミトコンドリアのクリステ形状	鞭毛数	おもな分類群
エクスカバータ	腹側に細胞口をもつ	− / 盤状	2/4/それ以上	ユーグレナ虫/藻類など
SAR	ストラメノパイル　前鞭毛に中空の小毛をもつ	管状	2	不等毛藻類（褐藻類，珪藻類など），卵菌類など
	アルベオラータ　細胞表層内側に小胞をもつ	管状	2/−	渦鞭毛虫/藻類，繊毛虫類など
	リザリア　アメーバ様	管状	2/−	有孔虫類，放散虫類，クロララクニオン藻類など
アーケプラスチダ	1回共生の葉緑体をもつ独立栄養生物	平板状	2/−	灰色藻類，紅色藻類，緑色藻類，陸上植物など
アメーボゾア	アメーバ様従属栄養生物	管状	2/−	アメーバ類，変形菌類，タマホコリカビ類など
オピストコンタ	後方鞭毛をもつ従属栄養生物	平板状	1/−	襟鞭毛虫類，子嚢菌類，担子菌類，後生動物など

表 8・2　本書で解説する微生物分類の概要†

非細胞性		**ウイルス**：核酸とタンパク質性キャプシドから成る〔§12・1〕 **ウイロイド**：低分子 RNA から成る〔§12・2〕		
細胞性	細菌ドメイン	**細菌**：エステル型脂質を含む細胞膜をもつ原核生物〔§9・2〕		
		デイノコックス－テルムス類		
		クロロフレクサス類		
		シアノバクテリア類	ユレモ，ネンジュモ，アナベナなど	
		クロロビウム類		
		プロテオバクテリア類	酢酸菌，リケッチア，根粒菌，赤痢菌，チフス菌，大腸菌，コレラ菌など	
		フィルミクテス類	枯草菌，炭疽菌，黄色ブドウ球菌，破傷風菌，ボツリヌス菌，乳酸菌など	
		テネリクテス類	マイコプラズマなど	
		アクチノバクテリア類	ストレプトミケス，結核菌など	
		クラミジア類	クラミジアなど	
		スピロヘータ類	梅毒トレポネーマなど	
		バクテロイデス類		
	古細菌ドメイン	**古細菌**：エーテル型脂質を含む細胞膜をもつ原核生物〔§9・3〕		
		ユリアーキオータ類	メタン菌，高度好塩菌，超好熱菌など	
		クレンアーキオータ類	超好熱菌，超好熱好酸菌	
	真核生物ドメイン	**原生生物**：真核生物のうち菌界，動物界，植物界に含まれないもの		
		原生動物〔§10・1〕 　パラバサリア類 　　腟トリコモナスなど 　ミドリムシ類（＝ユーグレナ藻類） 　　ブルーストリパノソーマなど 　渦鞭毛虫類（＝渦鞭毛藻類） 　　ヤコウチュウなど 　アピコンプレクサ類 　　マラリア原虫，トキソプラズマなど 　繊毛虫類 　　ゾウリムシ，ツリガネムシなど 　有孔虫類 　放散虫類 　アメーバ類 　　アメーバなど 　微胞子虫類 　襟鞭毛虫類	藻類〔§10・2〕 　ユーグレナ藻類 　　　　（＝ミドリムシ類） 　　ユーグレナなど 　不等毛藻類 　　褐藻類，珪藻類など 　渦鞭毛藻類（＝渦鞭毛虫類） 　　渇虫藻など 　クロララクニオン藻類 　灰色藻類 　紅色藻類 　　アサクサノリ，テングサなど 　緑色藻類 　　カサノリ，オオヒゲマワリ，シャクジモなど 　クリプト藻類 　ハプト藻類	変形菌類〔§10・3〕 　アクラシス類 　ラビリンチュラ類 　ネコブカビ類 　　ネコブカビ，ポリミクサなど 　真正粘菌類 　　モジホコリ，ムラサキホコリなど 　タマホコリカビ類 　　キイロタマホコリなど 鞭毛菌類〔§10・4〕 　サカゲツボカビ類 　卵菌類（＝不等毛類の一群） 　　ジャガイモ疫病菌など
		菌類：胞子を形成し，一部を除いて生活環に鞭毛をもたない従属栄養真核生物〔§11・1〕		
		ツボカビ類	カエルツボカビなど	
		グロムス菌類		
		ケカビ類	ケカビ，クモノスカビなど	
		子嚢菌類	出芽酵母，アカパンカビ，イネばか苗病菌など	
		担子菌類	サルノコシカケ，マツタケなど	
		植物：胚から発生する独立栄養の真核生物		
		動物：胞胚から発生する従属栄養の真核生物		
		扁形動物類	プラナリア，サナダムシなど	
		輪形動物類	ワムシなど	
		線形動物類	カイチュウ，ギョウチュウ，ネコブセンチュウなど	

† 本書ではわかりやすさを優先するため，伝統的な分類に沿って解説することにする．この表の"原生生物"には系統分類的には多様な生物群が含まれることに注意．〔　〕内に本書での説明箇所を示した．

スーパーグループにまとめられている．しかしながら，これらの単系統性についてはその後も議論が続いており，スーパーグループへの分類が未確定な分類群も多い．そこで，本書では混乱を避けるために生物全体を三つのドメインに分け，真核生物については従来の区分を尊重して，原生生物，菌類，植物，動物の4群に分けて扱うことにする（図8・1，表8・2）．

8・3　真核生物の多様性

　前項で述べたとおり，国際原生生物学会は2012年に真核生物を5スーパーグループに分ける案を示した（表8・1）．本項では，この最新の分子系統解析の成果をふまえたスーパーグループ分類についても簡単にふれることにする．なお，表8・3には国際原生生物学会の5スーパーグループにおもな微生物群を配置するとともに，本書で以下に解説する原生生物，菌類との対応関係を示した．

　国際原生生物学会（2012）による5スーパーグループの特徴は以下のとおりである．

エクスカバータ

　エクスカバータは自由生活性か寄生性の単細胞生物で，ミトコンドリアをもたないかミトコンドリアのクリステが盤状のグループである．一部は独立栄養である．2本，4本かそれ以上の鞭毛があり，腹側に微小管で裏打ちされた細胞口をもつ．これが"穴をもつ"というグループ名の由来になった．

エクスカバータ Excavata

SAR

　SARはストラメノパイル，アルベオラータ，リザリアという3群の近縁性を重視して，一つにまとめたスーパーグループである．一部は独立栄養である．ミトコンドリアは管状のクリステをもつ．

SAR Stramenopiles-Alveolata-Rhizaria

　ストラメノパイルは**不等毛類**ともよばれ，ラテン語の"麦わら"と"毛"を組合わせて命名された．遊走子に2本の鞭毛をもつ．前方に伸びる鞭毛は鳥の羽状であるため，羽状鞭毛ともよばれた．前鞭毛には中空の管状マスチゴネマとよばれる小毛がある．通常の鞭毛は後方に推進力を発揮するのに対し，前鞭毛は独特の機構により前方に推進力をもたらす．ストラメノパイルは藻類の巨大なグループであり，海洋光合成生物の9割を占める．かつては菌類に含められていた卵菌類なども含む．なお，ストラメノパイルにクリプト藻類とハプト藻類を加えたグループを**クロミスタ**とよぶことがある．

ストラメノパイル Stramenopile ラテン語読みではストラメノピル．

不等毛類 heterokonta　不等毛植物 heterokonphyta とよばれたこともある．

クロミスタ Chromista

　アルベオラータは渦鞭毛虫/藻類，アピコンプレクサ類，繊毛虫類という三つの単細胞生物グループをまとめたもので，"泡室をもつ生物"という意味である．いずれも細胞表層の細胞膜のすぐ下に**泡室**という平らな小胞構造をもつ．

アルベオラータ Alveolata

泡室 alveole　アルベオールともいう．

　また，**リザリア**は"足"という語に由来し，糸状，網状，あるいは微小管が通じた仮足をもつアメーバ様生物である．原生動物化石の大半がこれらの殻や骨格である．

リザリア Rhizaria

表 8・3　国際原生生物学会（2012年）によるスーパーグループと本書での説明項目との対応

スーパーグループ		本書での項目	
エクスカバータ		パラバサリア類 ユーグレナ虫/藻類 アクラシス類	パラバサリア類 ミドリムシ類 渦鞭毛虫類
SAR	ストラメノパイル	不等毛藻類 ラビリンチュラ類 サカゲツボカビ類 卵菌類	アピコンプレクサ類 繊毛虫類 有孔虫類 放散虫類	原生動物
	アルベオラータ	渦鞭毛虫/藻類 アピコンプレクサ類 繊毛虫類	アメーバ類 微胞子虫類 襟鞭毛虫類
	リザリア	有孔虫類 放散虫類 クロララクニオン藻類 ネコブカビ類	ユーグレナ藻類 不等毛藻類 渦鞭毛藻類 クロララクニオン藻類
アーケプラスチダ		灰色藻類 紅色藻類 緑色藻類 （陸上植物）	灰色藻類 紅色藻類 緑色藻類 クリプト藻類 ハプト藻類	藻類
アメーボゾア		アメーバ類 変形菌類 タマホコリカビ類	アクラシス類 ラビリンチュラ類 ネコブカビ類 真正粘菌類 タマホコリカビ類	変形菌類
オピストコンタ		微胞子虫類 襟鞭毛虫類 ツボカビ類 グロムス菌類 ケカビ類 子嚢菌類 担子菌類 （後生動物）	サカゲツボカビ類 卵菌類	鞭毛菌類†
その他		クリプト藻類 ハプト藻類	ツボカビ類 グロムス菌類 ケカビ類 子嚢菌類 担子菌類	菌類

† 従来の鞭毛菌類にはツボカビ類も含まれたが，本書ではツボカビ類は菌類に含めて解説する．

アーケプラスチダ

アーケプラスチダ
Archaeplastida

アーケプラスチダは葉緑体の祖先が別の真核生物に 1 回細胞内共生して生じた独立栄養の藻類である．"最初に出現した葉緑体生物"という意味をもつ．2 鞭毛をもち，ミトコンドリアのクリステは平板状である．クロロフィル a とフィコビリンをもつ灰色藻類，紅色藻類のグループと，クロロフィル a, b をもつ緑色藻類，陸上植物の 2 系統がある．

アメーボゾア

アメーボゾア Amoebozoa

アメーボゾアはアメーバ様の従属栄養原生生物で，"アメーバ動物"という意味である．いわゆるアメーバ類のほか粘菌類が含まれる．多くは鞭毛を欠くが，2 鞭毛の配偶子をつくるものもある．ミトコンドリアのクリステは管状である．

オピストコンタ

　オピストコンタは後方に1本の鞭毛をもつ従属栄養生物のグループで，ギリシャ語の"後方"と"鞭毛"を組合わせて命名された．襟鞭毛虫類などの単細胞生物と菌類や後生動物などの多細胞生物から成る．ミトコンドリアのクリステは平板状である．

オピストコンタ Opisthokonta

まとめ

- 分類は対象とする微生物に名前を付け，類似性や相違をもとに既知の生物との関係を位置づけるものである．
- 生物の分類で基盤となる種は，差を生じにくい共通の性質をもつ．
- 属は近縁の種をまとめた分類群で，属以上の分類階級には科，目，綱，門，界などがある．
- 微生物の種の分類では人為的な分類基準が用いられてきたが，現在ではリボソーム遺伝子などの塩基配列データを使った分子系統解析によることが多い．
- 生物の高次分類は五界説が広く受け入れられてきたが，その上位に三つのドメインが加えられた．
- 分子系統解析により，真核生物について5スーパーグループによる分類が提案されている．

9 細菌と古細菌

原核生物である細菌と古細菌はどのような微生物だろうか．細菌と古細菌の違いも理解しよう．

9・1 原核生物と二つのドメイン

原核生物 prokaryote
細菌 bacteria [*pl.*]
古細菌 archaebacteria [*pl.*]
真核生物 eukaryote
モネラ界 Kingdom Monera monera は"単一，独立"を意味する．

この章からは，微生物のグループごとの解説を始めることにする．

最初に登場するのは**原核生物**である**細菌**と**古細菌**である．まず，原核生物はどのような生物かを**真核生物**と比較して確認し，次に二つのドメインに分けられた細菌と古細菌の違いを理解しよう．原核生物は五界説では**モネラ界**として区分された．原核細胞の構造の特徴については，すでに§3・1で説明した．細菌細胞の形態は桿状や球状が多いが，多様なものがある（図9・1）．

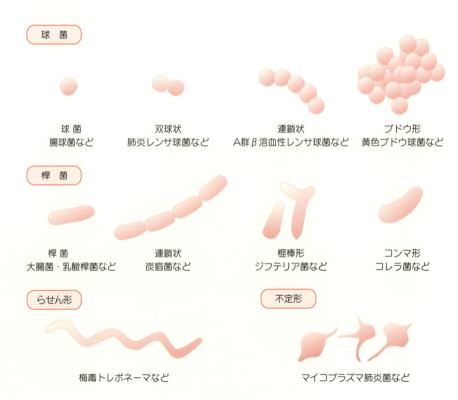

図9・1　細菌細胞のおもな形態

9. 細菌と古細菌

原核生物（細菌と古細菌）と真核生物のおもな違いについては，表9・1をみてほしい．原核生物は単細胞で真核生物に比べて一回り小さいが，最も明確な違いはゲノムが核膜に包まれていないことである．ゲノム DNA は単一の環状二本鎖構造で，細胞質の中央部に核様体として分布する．原核生物はエネルギー生産などを細胞膜上で行い，ミトコンドリアなどの細胞小器官はない．リボソームは真核生物のものに比べて一回り小さい．増殖は基本的には二分裂で起こる．

この原核生物は，かつてはすべてが細菌という1グループと考えられてきた．しかし，§8・2で述べたとおり，1977年にウーズはリボソーム遺伝子の塩基配列の比較によって原核生物が真正細菌と古細菌との二つに大きく分かれることを示した．真正細菌は現在では単に細菌とよばれる．古細菌には超好熱菌，高熱好酸菌，高度好塩菌，メタン菌などが含まれ，地球誕生後に細菌よりも先に出現した生物と考えられて古細菌という名前が付けられたが，最近では真核生物により近い生物群と考えられている（図15・5参照）．ウーズらは1990年に界の上位にドメイン（超界）という分類階級を設け，**細菌（バクテリア）ドメイン**と**古細菌（アーキア）ドメイン**を**真核生物ドメイン**と並列するものとした．

細菌ドメイン Domain Bacteria
古細菌ドメイン Domain Archaea
真核生物ドメイン Domain Eukaryota (Eukarya)

細菌と古細菌については以下の節で説明するが，古細菌が細菌と異なるおもな点は次のとおりである．細胞表層にはペプチドグリカンがなく，タンパク質などから成る膜がある．細菌の膜の脂質はグリセロールと脂肪酸がエステル結合するのに対して，古細菌ではグリセロールとイソプレノイド炭化水素鎖がエーテル結合する．厳密には炭化水素鎖が細菌ではグリセロール骨格の1, 2位に結合するのに対し，古細菌では例外なく2, 3位に結合するという特徴がある．古細菌の DNA はヒストンと結合しているものが多い．翻訳が始まる tRNA は細菌では N-ホルミルメチオ

表9・1 細菌，古細菌，真核生物のおもな違い

	細 菌	古細菌	真核生物
細胞の大きさ	1～10 μm 程度	1～10 μm 程度	10～100 μm 程度
組織化	単細胞	単細胞	単細胞・群体・多核体・多細胞
細胞膜	エステル型脂質	エーテル型脂質	エステル型脂質
細胞壁	ペプチドグリカンなど	タンパク質など	糖鎖など
細胞小器官	ない	ない	ある
エネルギー生産	細胞膜	細胞膜	ミトコンドリア・葉緑体
鞭 毛	直径 20 nm でフラジェリンがらせん状に配列，水素イオンにより回転	直径 15 nm でフラジェリンとは異なるタンパク質が配列，ATP により回転	直径 200～300 nm で細胞膜に包まれ 9+2 構造とよばれる微小管配列，ATP により運動
DNA	単一[†1]環状で細胞膜に付着	単一[†1]環状で細胞膜に付着	複数分子が核膜に包まれる
有糸分裂	ない	ない	ある
DNA 結合タンパク質	ヒストン様タンパク質	古細菌型ヒストン	ヒストン
翻訳開始 tRNA	N-ホルミルメチオニン	メチオニン	メチオニン
リボソーム	70S	70S	80S[†2]
ストレプトマイシン感受性	ある	ない	ない
ジフテリア毒素感受性	ない	ある	ある
増 殖	二分裂	二分裂	無性生殖・有性生殖

[†1] プラスミドとよばれる環状二本鎖 DNA をゲノム DNA 以外にもつ原核生物も多い．
[†2] ミトコンドリアや葉緑体は 70S リボソームをもつ．

ニンであるが，古細菌では真核生物と同様にメチオニンである．また，ストレプトマイシンやジフテリア毒素に対しては，真核生物と同様の反応を示す（表9・1）．

バージェイ細菌分類便覧
Bergey's Manual of Systemic Bacteriology

原核生物の分類は，1923年に初版が刊行され，その後もたびたび改訂が重ねられているバージェイ細菌分類便覧が標準的なものとして世界的に広く用いられてい

表9・2 細菌と古細菌の分類の概要

細菌	デイノコックス-テルムス類：好気性グラム陰性菌で，強い放射線耐性菌（デイノコックス類）と好熱菌（テルムス類）など	
	クロロフレクサス類：グラム陰性で好熱性の光合成を行う緑色非硫黄細菌類など	
	シアノバクテリア類：グラム陰性好気性の酸素発生型光合成細菌．ユレモ，ネンジュモ，アナベナなど	
	クロロビウム類：グラム陰性偏性嫌気性で光合成を行う緑色硫黄細菌など	
	プロテオバクテリア類：グラム陰性菌の巨大なグループで多様	
	アルファプロテオバクテリア	光合成を行う紅色非硫黄細菌，酢酸菌，リケッチア，根粒菌，亜硝酸酸化細菌など
	ベータプロテオバクテリア	光合成を行う紅色非硫黄細菌，アンモニアを酸化して亜硝酸をつくるアンモニア酸化細菌，淋病や髄膜炎を起こすナイセリアなど
	ガンマプロテオバクテリア	重要病原体の腸内細菌類（赤痢菌，チフス菌，ペスト菌），大腸菌，コレラ菌，腸炎ビブリオ，緑膿菌，光合成を行う紅色硫黄細菌など
	デルタプロテオバクテリア	硫酸還元細菌，粘液細菌など
	イプシロンプロテオバクテリア	ヒトや動物の消化管に寄生するピロリ菌，カンピロバクターなど
	フィルミクテス類：低GC†グラム陽性菌の大きなグループ	
	バチルス	通性または好気性芽胞形成菌．炭疽菌，枯草菌，黄色ブドウ球菌など
	クロストリジウム	偏性嫌気性芽胞形成菌．破傷風菌，ボツリヌス菌など
	ラクトバチルス	芽胞を形成せず乳酸発酵する．乳酸菌，肺炎レンサ球菌など
	テネリクテス類：低GC†グラム陽性菌でフィルミクテス類に近いが細胞壁を欠く．動植物に寄生．マイコプラズマ，ファイトプラズマ，スピロプラズマなど	
	アクチノバクテリア類：高GC†グラム陽性	
	ストレプトミケス	繊維状の菌糸を伸ばし先端に胞子を形成．多様な抗生物質を生産
	コリネバクテリウム	先端が膨れた棍棒状．ジフテリア菌など
	マイコバクテリア	好気性桿菌．結核菌，らい菌など
	フランキア	菌糸状で非マメ科樹木に共生して根粒を形成
	クラミジア類：グラム陽性で極小の偏性細胞内寄生菌．クラミジアなど	
	スピロヘータ類：グラム陰性のらせん状菌．梅毒トレポネーマなど	
	バクテロイデス類：グラム陰性桿菌でヒト腸内細菌の主要構成菌	
古細菌	ユリアーキオータ類：メタン菌，高度好塩菌，超好熱菌など．多様で幅広い極限環境で生育	
	メタノコックス	おもに海洋に分布する偏性嫌気性メタン菌
	メタノバクテリウム	おもに淡水に分布する偏性嫌気性メタン菌
	ハロバクテリウム	好気性の高度好塩菌
	テルモコックス	海中に分布する偏性嫌気性超好熱菌
	テルモプラズマ	酸性環境下で生息する好気性高熱好酸菌で細胞壁を欠く
	クレンアーキオータ類：超好熱菌，超好熱好酸菌	
	テルモプロテウス	おもに陸上熱水に分布する超好熱菌
	スルフォロブス	おもに陸上熱水に分布する超好熱好酸菌

† GC：DNAの塩基中GCの比率．

る．原核生物の分類はたびたび見直され，大きな変更が行われることも多いが，主要部分を表9・2に示した．

9・2 細　菌

　細菌は小さいため，従来は形態的特徴やグラム染色による染色性，代謝系やGC含量などによって大別されてきた．近年は分子系統解析の知見が蓄積され，分類体系が大きく見直されている．表9・2に示したとおり，この項では細菌のなかで主要な11のグループを取上げる．これらのグループは通常は門として扱われる．

　次に，各グループについて特徴をみることにしよう．細菌は物質循環において重要な役割を果たしているが，一部はヒトや動植物に病原性を示す．14章で説明するように，発酵食品や抗生物質などの生産を通して私たちの生活を支えているものも多い．

デイノコックス-テルムス類

　デイノコックス-テルムス類は好気性従属栄養のグラム陰性菌で，強い放射線耐性をもつデイノコックス類と好熱性のテルムス（サーマス）類を含む．牛肉缶詰のγ線殺菌の実験中に発見された *Deinococcus radiodurans* は高度なDNA修復機構をもっているためにきわめて高い放射線耐性を示し，高低温，乾燥などの環境にも耐えることができる．米国イエローストーン国立公園の温泉から分離された好熱菌の *Thermus aquaticus* がもつDNA複製酵素は90℃以上でも安定で，学名の頭文字から *Taq* ポリメラーゼとよばれ，PCR反応における標準的な酵素として広く利用された．

> デイノコックス-テルムス類
> Deinococcus-Thermus

クロロフレクサス類

　クロロフレクサス類はグラム陰性で糸状の群体を形成するものが多い．**緑色非硫黄細菌**は好熱性で，嫌気条件では酸素非発生型光合成従属栄養で，好気条件では化学合成従属栄養で生育する．低濃度ながら硫化水素も利用できる．滑走により運動する．

> クロロフレクサス類
> Chloroflexi
>
> 緑色非硫黄細菌 green non-sulfur bacteria [*pl.*]　緑色糸状性細菌 green filamentous bacteria ともよばれる．*Chloroflexus* 属など．

シアノバクテリア類

　シアノバクテリア類はグラム陰性好気性の酸素を発生する光合成独立栄養細菌で，藍色細菌ともいう．かつては藻類と考えられ，**藍藻**とよばれた．真核生物の葉緑体は現在のシアノバクテリアに近縁の原核生物が別の原核生物に細胞内共生してできたと考えられている（図3・6参照）．シアノバクテリアはさまざまな環境に広く分布し，他の生物と共生しているものもある．ユレモ（*Oscillatoria* 属）は糸状の群体を形成し，光獲得のために揺れるように運動をする．アナベナ（アナバエナ）（*Anabaena* 属）やネンジュモ（*Nostoc* 属）は一部に**異質細胞**をもち，窒素固定を行う（図9・2）．

　湖沼で発生するアオコは *Anabaena* 属などが大発生して水面を覆うもので，酸素欠乏を起こして悪臭の原因となり，毒素を発生する場合がある．海洋の赤

> シアノバクテリア類
> Cyanobacteria
>
> 藍藻 blue-green algae [*pl.*]　（単数形 alga）
>
> 異質細胞 heterocyst　窒素固定を行うニトロゲナーゼとよばれる酵素は酸素に弱いので，酸素を発生する光合成細胞とは別の細胞として分化する．

潮は Synechococcus 属などによる．九州の一部のみに自生するスイゼンジノリ Aphanothece sacrum は，高級食材として利用される．アルカリ塩湖に生育するスピルリナ（Arthrospira 属）は中央アフリカや中南米で食用とされ，日本でも健康食品としての利用が広まっている．かつては Spirulina 属に分類されていたため，スピルリナという呼称が定着している．Anabaena azollae は浮遊性のシダ植物であるアカウキクサに共生し，窒素を供給する．シアノバクテリアには菌類と共生して地衣類を形成するものもある（図7・1参照）．

図9・2　*Anabaena* 属　内部に光合成膜が広がる．

クロロビウム類

クロロビウム類 Chlorobi

緑色硫黄細菌 green sulfur bacteria [*pl.*]

クロロビウム類は緑色細菌ともよばれ，グラム陰性で偏性嫌気性である．電子供与体としておもに硫化物イオン（S^{2-}）を利用して，酸素非発生型の光合成を行う．形態的に多様で，運動性はない．**緑色硫黄細菌**などがある．

プロテオバクテリア類

プロテオバクテリア類 Proteobacteria

プロテオバクテリア類は多様なグラム陰性菌を含む巨大なグループである．形態の多様性から，姿を自在に変えるギリシャ神話の海神プロテウスにちなんで名付けられた．遺伝子工学実験で多用する大腸菌をはじめ，数多くの病原菌を含む．リボソーム遺伝子の系統解析により，おもにアルファからイプシロンの5群に分けられている．

アルファプロテオバクテリア alphaproteobacteria

紅色非硫黄細菌 purple non-sulfur bacteria [*pl.*]

酢酸菌 acetic acid bacteria [*pl.*]

アルファプロテオバクテリアには，*Rhodospirillum* 属，*Rhodobacter* 属などの通性嫌気性で酸素非発生型光合成を行う**紅色非硫黄細菌**が含まれる．紅色非硫黄細菌は多様な代謝系をもつため，生態系における競争に強い．

エタノールや糖を不完全に酸化して酢酸を生産する桿菌を**酢酸菌**といい，*Acetobacter aceti* などが酢の生産に利用される．酢酸菌には余分な糖を高分子化して貯蔵する能力をもつものがあり，*A. xylinum* はココナッツ果汁からナタデココをつくる発酵に利用される．この菌がつくるセルロースは純度が高くて丈夫なため，スピーカーの振動板などに利用される．

リケッチア rickettsia

発疹チフス epidemic typhus

ツツガムシ病 scrub typhus

リケッチアは球状か桿状の非運動性の小型の偏性細胞内寄生体で，培養は困難である．自然界ではネズミやダニなどが保因し，ノミ，シラミ，ダニなどの節足動物が媒介してヒトや動物に感染する．**発疹チフス**や**ツツガムシ病**などを起こす．ボルバキア（*Wolbachia* 属）は昆虫に寄生して，宿主の生殖システムを操作してオス殺しなどを行う．真核生物のミトコンドリアは，リケッチアに近縁のアルファプロテオバクテリアが起源と考えられている．

根粒菌 root-nodule bacteria [*pl.*]

マメ科植物の根に共生して根粒を形成する**根粒菌**もこのグループに所属す

る．*Rhizobium* 属，*Bradyrhizobium* 属などが代表で，窒素固定を行って作物に供給するので農業上も重要である．植物に根頭がん腫病を起こす *R. radiobacter* は *Agrobacterium tumefaciens* ともよばれ，現在では植物への遺伝子導入ベクターとしても利用される．亜硝酸を酸化する**亜硝酸酸化細菌**（*Nitrobacter* 属）なども近縁である．このほか，菌体内に微小な磁石を形成する *Magnetospirillum* 属などの**走磁性細菌**（図9·3），メキシコのリュウゼツラン汁液からのテキーラ醸造に利用されている *Zymomonas* 属などもある．

亜硝酸酸化細菌 nitrite oxidizing bacteria [*pl.*]

走磁性細菌 magnetotactic bacteria [*pl.*]

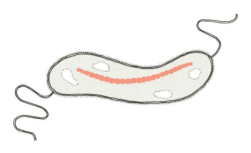

図9·3 *Magnetospirillum magnetotacticum*　内部に微小な磁石であるマグネトソームをつくる．

ベータプロテオバクテリアには *Rhodocyclus* 属などの酸素非発生型光合成を行う紅色非硫黄細菌のほか，アンモニアを酸化して亜硝酸をつくる化学合成独立栄養の**アンモニア酸化細菌**（*Nitrosomonas* 属）などが重要である．これらは土壌や下水中に分布する．好気的な**水素細菌**の *Cupriavidus* 属などや，**硫黄細菌**の *Thiobacillus* 属などもある．

ナイセリア（*Neisseria* 属）は哺乳動物の粘膜に寄生する非運動性の双球菌で，重要な病原菌を含む．*N. gonorrhoeae* が起こす**淋病**は代表的な性感染症である．*N. meningitidis* はヒトの間でのみ空気感染し，**髄膜炎**を起こす．また，**百日咳**は *Bordetella pertussis* によって起こる急性の呼吸器感染症で，かつてはありふれた子供の病気であった．近年はワクチン接種により患者数が減少したため，免疫の持続期間が過ぎた成人での感染が世界的に増えている．

ガンマプロテオバクテリアには医学的，科学的に重要な細菌が多い．
このうち**腸内細菌科**の細菌は通性嫌気性で，重篤な感染症を起こすものが多い．**赤痢**は代表的な大腸感染症で，志賀潔が発見した志賀赤痢菌 *Shigella dysenteriae* などによって起こる．チフス菌 *Salmonella enterica* serovar Typhi による**腸チフス**は途上国を中心に世界的に発生する感染症で，頭痛，関節痛の後に高熱を発する．（serovar は血清型を示す．）同様の症状を示す**パラチフス**は *S. enterica* serovar Paratyphi A による．いずれも，食物や飲料水から感染する．*S. enterica* serovar Enteritidis は鶏卵によるサルモネラ食中毒を起こす．**ペスト**はペスト菌 *Yersinia pestis* の感染による世界的に重要な致命率が高い感染症で，野ネズミなどからノミが媒介する．大腸菌 *Escherichia coli* はヒトなどの腸内細菌であり，ほとんどの系統は無害である．分子生物学の研究材料として，また，遺伝子組換え実験の宿主としても使われる．しかし，**腸管出血性大腸菌**とよばれる O157 などは毒素を産生し，

ベータプロテオバクテリア betaproteobacteria

アンモニア酸化細菌 ammonia-oxidizing bacteria [*pl.*]

水素細菌 hydrogen-oxidizing bacteria

硫黄細菌 sulfur bacteria

淋病 gonorrhea

髄膜炎 meningitis

百日咳 pertussis

ガンマプロテオバクテリア gammaproteobacteria

腸内細菌科 Enterobacteriaceae

赤痢 dysentery

腸チフス typhoid fever

パラチフス paratyphoid fever

ペスト plague

腸管出血性大腸菌 enterohemorrhagic *Escherichia coli*, EHEC

激しい下痢を起こす．この系統の大腸菌がもつ志賀毒素（ベロ毒素1型）は赤痢菌の毒素と同一でプラスミドにコードされており，ファージによって赤痢菌から水平伝播したと考えられる．アブラムシに細胞内共生するブフネラ（*Buchnera* 属）も腸内細菌科の小型細菌である．

Vibrio 属細菌は通性嫌気性のコンマ状の細菌で，海水や魚介類から高頻度に分離される．**腸炎ビブリオ症**は *V. parahaemolyticus* に汚染された魚介類の生食によって起こる食中毒である．**コレラ**はコレラ菌 *V. cholerae* によって起こり，重篤な下痢症状を示す．

腸炎ビブリオ症 *Vibrio parahaemolyticus* infection
コレラ cholera

好気性の *Pseudomonas* 属は多様な環境に広く分布し，自然界における重要な分解者である．炭化水素などの難分解性物質の分解菌も多い．緑膿菌 *P. aeruginosa* は免疫力が低下した老人などに敗血症などを起こすことがある．植物の病原菌も多い．近縁の *Azotobacter* 属は土壌中の自由生活型の窒素固定菌である．

紅色硫黄細菌 purple sulfur bacteria [*pl.*]

紅色硫黄細菌は，電子供与体として硫化水素（H_2S）を利用する赤ワイン色の光合成独立栄養細菌である．硫黄酸化細菌，鉄酸化細菌の *Acidithiobacillus* 属などもある．

デルタプロテオバクテリア deltaproteobacteria
硫酸還元細菌 sulfate-reducing bacteria [*pl.*]
粘液細菌 myxobacteria [*pl.*]

デルタプロテオバクテリアは比較的小さなグループである．*Desulfovibrio* 属などの**硫酸還元細菌**は偏性嫌気性で硫酸を硫化水素にして硫黄循環を進めるが，地中の鉄管も腐食させる．*Myxococcus* 属，*Stigmatella* 属などの**粘液細菌**は原核生物としては特にゲノムサイズが大きい好気性従属栄養細菌である．栄養条件が良い場合には単独で生息するが，ストレス刺激を受けると集合して子実体と粘液胞子を形成する（図 9・4）．

図 9・4　*Stigmatella aurantiaca* の子実体

イプシロンプロテオバクテリア epsilonproteobacteria

イプシロンプロテオバクテリアも小さなグループである．ピロリ菌 *Helicobacter pylori* はヒトの胃に生息するらせん菌で慢性胃炎や胃潰瘍を起こし，胃がん発生の一因と考えられている．同じくらせん菌のカンピロバクター（*Campylobacter* 属）は動物の消化管などの常在菌で，食中毒により急性腸炎を起こす．

フィルミクテス類

フィルミクテス類 Firmicutes

フィルミクテス類（ファーミキューテス類）は低 GC 含量，グラム陽性の細菌の大きなグループで，プロテオバクテリアの次に多様性が高い．フィルミクテスはラテン語で"強固な殻"を意味し，病原菌や発酵菌として知られているものが多い．**芽胞**を形成する種が広範囲に含まれることから，芽胞形成能力をもった偏性嫌気性の祖先から進化したと考えられている．

芽胞 spore

バチルス（*Bacillus* 属）は通性または好気性の芽胞形成菌である．枯草菌 *B. subtilis* は土壌や枯草の表面などに分布するもので，納豆菌はその1種である．炭疽菌 *B. anthracis* はウシやヒツジなどからヒトに感染する，致命率が高い人獣共通感染症の**炭疽病**の病原体である．*B. thuringiensis*（略称 Bt）は日本でカイコの病原体として発見された．この菌が生産するタンパク質性の **Bt 毒素**は生物農薬としてチョウ目害虫などの防除に利用される．*Bacillus* 属に近縁のブドウ球菌（*Staphylococcus* 属）はブドウの房状の球菌でヒトや動物の皮膚に常在し，芽胞は形成しない．黄色ブドウ球菌 *S. aureus* はヒトの皮膚や鼻腔内に生息するが，複数の毒素を生産して食中毒を起こすことがある．

クロストリジウム（*Clostridium* 属）は偏性嫌気性の芽胞形成菌で，土壌あるいは動物の腸管内などに生息する．**破傷風**は土壌中の破傷風菌 *C. tetani* が傷口から感染して発症する．北里柴三郎によって抗毒素による血清療法が確立された．ボツリヌス菌 *C. botulinum* は土壌などに分布するが，ソーセージやハムなどでも菌が増殖し，毒素による食中毒を起こす．1歳未満の乳児がボツリヌス菌芽胞が混入したハチミツなどを摂食すると，乳児ボツリヌス症が起こることがあるので注意を要する．**ボツリヌス毒素**はごく少量で筋肉を麻痺させ，嘔吐や下痢，四肢麻痺などを起こす．一方，この毒素の微量の局所使用は顔面麻痺，斜視などの医療や美容に利用される．近縁の *Heliobacterium* 属は芽胞を形成する偏性嫌気性菌で，水田土壌で発見された．特異な光合成色素により酸素非発生型の光合成を行う．

ラクトバチルス（乳酸桿菌，*Lactobacillus* 属）などの**乳酸菌**は乳酸発酵を行う細菌で，芽胞は形成しない．ヨーグルトやチーズ，漬け物など，多様な発酵食品の生産に利用される．*L. homohiochii* などが日本酒の醸造過程で混入すると"火落ち"とよばれる現象を起こし，酸味や異臭を生じて品質を低下させる．女性の膣内にも *Lactobacillus* 属菌が常在菌として存在し，生体バリアーとして機能する．近縁の *Streptococcus* 属は直鎖上に並んだ球菌で，芽胞を形成せず非運動性である．肺炎レンサ球菌 *S. pneumoniae* は**肺炎**などの呼吸器系感染症を起こす．A 群 β 溶血性レンサ球菌 *S. pyogenes* は劇症型化膿症を起こすことがあり，人食いバクテリアともよばれる．

テネリクテス類

テネリクテス類（テネルキューテス類，モリクテス類）は低 GC で細胞壁を欠くが，系統的な解析によりグラム陽性菌フィルミクテス類に近縁とされる．菌体が小さく形態が変化するため，細菌濾過フィルターを通過する．動植物の寄生者として特殊化しており，ゲノムサイズはきわめて小さい．**マイコプラズマ**（*Mycoplasma* 属）はおもに脊椎動物に寄生する．*M. pneumoniae* はマイコプラズマ肺炎を起こす．マイコプラズマは ATP を利用する独特の機構で，固体表面を滑走する．濾過滅菌では除けないため，ヒトや動物の培養細胞を汚染することも多い．**ファイトプラズマ**は篩管内に寄生する植物の病原体で，ヨコバイなどの吸汁性昆虫により媒介される．スピロプラズマ（*Spiroplasma* 属）も多くは植物病原体でらせん形である．ショウジョウバエの性比異常もスピロプラズマの寄生によることが明らかになった．

バチルス bacillus　バシラスあるいはバシルスと読まれることも多い．本来のラテン語読みではバキルスである．一般的な用語では桿菌を意味する．球菌は coccus．

炭疽病 anthrax

B. anthracis（出典：CDC/Dr. Todd Parker）

Bt 毒素 Bt toxin

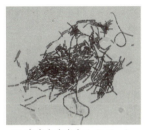

Bt 毒素を生産する *B. thuringiensis*（写真：Dr. Sahay）

破傷風 tetanus

ボツリヌス毒素 botulinum toxin

乳酸菌 lactic acid bacteria [*pl.*]

肺炎 pneumonia

テネリクテス類 Tenericutes

マイコプラズマ mycoplasma

ファイトプラズマ phytoplasma
人工培養ができないため，学名は正式には確定していない．

アクチノバクテリア類

アクチノバクテリア類は桿状あるいは菌糸状の高 GC グラム陽性菌で，おもに土壌に分布する好気性細菌である．放線菌類ともよばれる．

ストレプトミケス（*Streptomyces* 属）は繊維状の菌糸を伸ばし，先端に胞子を形成する（図9・5）．ストレプトマイシン，カナマイシン，テトラサイクリンなどのような抗生物質のほぼ半数を生産する．コリネバクテリウム（*Corynebacterium* 属）は先端が膨れた棍棒状の細菌である．**ジフテリア**はジフテリア菌 *C. diphtheriae* による上気道の感染症である．ベーリングと北里柴三郎が血清療法を開発した．ジフテリア毒素の遺伝子は溶原ファージが持ち込むので，ファージをもつ細菌だけが病原性を示す．同属の *C. glutamicum* はうま味成分でもあるグルタミン酸の生産菌で，工業的にも重要である．

アクチノバクテリア類
Actinobacteria

ストレプトミケス streptomyces
ストレプトミセス，スプレプトマイセスとよばれることもある．

ジフテリア diphteria

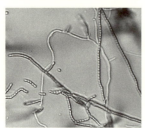

Streptomyces spp. のスライド培養．（出典：CDC/Dr. David Berd）

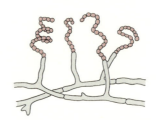

図 9・5　*Streptomyces* 属の菌糸状菌体と胞子

マイコバクテリア（*Mycobacterium* 属）は好気性の桿菌である．**結核**は結核菌 *M. tuberculosis* によるおもに肺に感染する病気で，骨や関節などにも発症する．18世紀末からの産業革命期に大流行したが，最近は日本での発生が増加している．**ハンセン病**はらい菌 *M. leprae* によって起こる末梢神経と皮膚の感染症である．古代から世界で発生し，患者は社会的に差別されてきた．空気感染による伝染力はきわめて低い．また，フランキア（*Frankia* 属）は菌糸状で，非マメ科樹木に共生して根粒を形成し，窒素固定を行う．プロピオン酸菌（*Propionibacterium* 属）はプロピオン酸発酵を行う桿菌で，プロピオン酸と酢酸，二酸化炭素を生成し，エメンタールチーズに特徴的な穴をつくる．

結核 tuberculosis

ハンセン病 Hansen's disease, leprosy　らいともよばれる．

クラミジア類

クラミジア類はグラム陽性できわめて小型の偏性細胞内寄生菌である．乾燥に強く代謝能のない小型粒子が感染して増殖し，代謝能があるが感染性のないやや大型の形態になる．*Chlamydia trachomatis* は，結膜炎を生じて失明の原因にもなる**トラコーマ**，性感染症である**性器クラミジア感染症**や鼠径リンパ肉芽腫など，多岐にわたる疾患を起こす．*C. psittaci* はインコなどから感染し，インフルエンザ様の**オウム病**を起こす．

クラミジア類 Chlamydiae

トラコーマ trachoma　途上国での流行が多い．

性器クラミジア感染症 genital chlamydial infection　日本では性感染症のなかで感染者数が最も多い．

オウム病 psittacosis　妊婦が感染すると，早産や流産などを起こすことがある．

スピロヘータ類

スピロヘータ類は自然環境に広く分布するグラム陰性のらせん状細菌である．梅毒トレポネーマ *Treponema pallidum* による**梅毒**は代表的な性感染症である．梅毒

スピロヘータ類 Spirochaetae

梅毒 syphilis

はコロンブス一行により西インド諸島からヨーロッパへもたらされたというのが通説であるが，もともとヨーロッパにあったイチゴ腫がピンタやベジェルとよばれる感染症に変化し，これらがさらに性交で伝染する梅毒に変異したという説もある．エーリッヒと秦佐八郎が開発したサルバルサンは梅毒に優れた効果があり，ヒトの病気の化学療法の第一歩となった．梅毒はペニシリン系抗生物質の投与で治癒する．同じくスピロヘータ類 *Borrelia* 属によって起こる病気には，マダニ媒介の回帰熱やライム病がある．

バクテロイデス類

バクテロイデス類はグラム陰性で，バクテロイデス（*Bacteroides* 属）はヒトの腸内細菌の主要構成菌である．海洋などの水系や土壌などにも広く分布する．従属栄養の桿菌が多い．

バクテロイデス類
Bacteroidetes

ここまでで，細菌の重要な 11 グループについての解説を終わる．なお，光合成を行う細菌はさまざまな分類群にわたっているので，おもな特徴を改めて整理する（表 9・3）．おもな化学合成細菌については表 9・4 にまとめた．また，きわめて小さく，ウイルスとの区別が困難なリケッチア，マイコプラズマ，クラミジアのおもな特徴は，表 9・5 に示す．

表 9・3　おもな光合成細菌

		属	酸素発生	酸素下での生育	独立栄養	光合成色素[†1]	光反応中心[†2]
シアノバクテリア	シアノバクテリア類	*Cyanobacterium* など	+	+	+	C	PS I + PS II
紅色硫黄細菌	ガンマプロテオバクテリア	*Chromatium* など	−	+	+	BC+CA	PS II
紅色非硫黄細菌	アルファプロテオバクテリア	*Rhodospirillum*, *Rhodobacter* など	−	+	−	BC+CA	PS II
	ベータプロテオバクテリア	*Rhodocyclus* など	−	+	−	BC+CA	PS II
緑色硫黄細菌	クロロビウム類	*Chlorobium* など	−	−	+	BC	PS I
緑色非硫黄細菌	クロロフレクサス類	*Chloroflexus* など	−	+	−	BC	PS II
ヘリオバクテリア	フィルミクテス類	*Heliobacterium* など	−	−	−	BC	PS I

[†1] C: クロロフィル，BC: バクテリオクロロフィル，CA: カロテノイド
[†2] PS I: 鉄硫黄型反応中心，PS II: キノン型反応中心

表 9・4　おもな化学合成細菌

		属	エネルギー獲得方法
アンモニア酸化細菌	ベータプロテオバクテリア	*Nitrosomonas* など	$NH_4^+ \rightarrow NO_2^-$
亜硝酸酸化細菌	アルファプロテオバクテリア	*Nitrobacter* など	$NO_2^- \rightarrow NO_3^-$
水素細菌	ベータプロテオバクテリア	*Cupriavidus* など	$H_2 \rightarrow H_2O$
硫酸還元細菌	デルタプロテオバクテリア	*Desulfovibrio* など	$SO_4^{2-} \rightarrow H_2S$ $S_2O_3^{2-} \rightarrow S^- + SO_4^{2-}$
硫黄細菌	ベータプロテオバクテリア	*Thiobacillus* など	$S^- \rightarrow SO_4^{2-}$
硫黄酸化細菌	ガンマプロテオバクテリア	*Acidithiobacillus* など	$S \rightarrow SO_4^{2-}$
鉄酸化細菌	ガンマプロテオバクテリア	*Acidithiobacillus* など	$Fe^{2+} \rightarrow Fe^{3+}$

表 9・5 リケッチア，マイコプラズマ，クラミジア，ウイルスの特徴

	通常の細菌	リケッチア	マイコプラズマ	クラミジア	ウイルス
細胞壁をもつ	+	+	−	+	−
生細胞のみで増殖する	−	+	−	+	+
DNAとRNAの両方を含む	+	+	+	+	−
代謝系をもつ	+	+	+	+	−

9・3 古細菌

古細菌 archaebacteria [*pl.*]

表9・1ですでに説明したように**古細菌**は多くの点で細菌とは異なっており，古細菌ドメインとして区分された．古細菌はおもに分子系統解析により分類されている．

古細菌の多くは温泉，硫気孔，熱水噴出孔，塩田などのいわゆる極限環境から発見されるが，メタン菌は水田や湖沼，動物の消化管などの嫌気環境に幅広く分布することが明らかになった．古細菌の生育量は明らかでないが，地球上のバイオマスの約20%を占めるという計算もある．これまでのところ，ヒトや動植物に病原性を示す古細菌は知られていない．

ユリアーキオータ類

ユリアーキオータ類
Euryarchaeota

ユリアーキオータ類はメタン菌，高度好塩菌，超好熱菌などを含む古細菌のグループで，古細菌の約8割が所属する．多様で幅広い極限環境に分布していることから，"広い"を意味するギリシャ語から命名された．

メタノコックス（*Methanococcus* 属）はおもに海洋に分布するメタン菌で，グラム陰性の運動性の球菌である．*M. jannaschii* は古細菌で最初に全ゲノム配列が解読された．メタノバクテリウム（*Methanobacterium* 属）はおもに淡水に分布するメタン菌で，多くは非運動性の桿菌である．動物の消化管，熱水泉，下水，湖沼などに分布する．ヒトの腸内細菌として検出される古細菌は，ほとんどが *Methanobacterium* 属である．このほかのメタン菌としては，深海の熱水噴出孔に生息するグラム陽性桿菌である *Methanopyrus* 属も知られている．これらのメタン菌はいずれも偏性嫌気性であり，無酸素条件での炭素循環を担っている．メタン菌はバイオ燃料の製造や嫌気廃水処理などにも利用される．ただし，メタンは強力な温室効果ガスであるため，ウシやヒツジ，農耕地からの発生を抑制する方策も検討されている．

ハロバクテリウム（*Halobacterium* 属）は塩湖や塩田，塩漬け食品などの高塩環境に生育する，好気性従属栄養の高度好塩菌である．2〜4 M NaCl の条件で生育するが，古細菌細胞内では高濃度の KCl を保持することによって浸透圧を保っている．*Halobacterium* 属の多くは**バクテリオロドプシン**とよばれる鮮紅色の色素を利用し，光エネルギーにより細胞内の水素イオンを細胞外に能動輸送する．光エネルギーを利用するがクロロフィル類をもたないので，通常は光合成細菌に含めない．

バクテリオロドプシン bacteriorhodopsin 7回貫通型の膜タンパク質であり，真核生物のGタンパク質共役型受容体の祖先と考えられている．

テルモコックス（*Thermococcus* 属）は海中に分布する偏性嫌気性超好熱菌で，

多くは鞭毛をもつ球菌である．深海の熱水噴出孔のほか，油田などからも検出される．従属栄養性で，熱水域でペプチドや多糖類を分解する．*Thermococcus* 属がつくる耐熱性 DNA 複製酵素は *Taq* ポリメラーゼと比べて複製正確性が高いため，PCR 反応に広く利用されるようになった．

テルモプラズマ（*Thermoplasma* 属）は強酸性環境下で生息する好気性高熱好酸菌で，細胞壁を欠くため多様な形態と大きさを示す．すべての生物中でもっとも低い pH 環境に生育でき，超好酸菌ともよばれる．

クレンアーキオータ類

クレンアーキオータ類は好熱菌を中心としたグループで，進化速度が遅い．古細菌の祖先的な性質を残していると考えられ，ギリシャ語の"源泉"を意味する語から命名された．

クレンアーキオータ類
Crenarchaeota

テルモプロテウス（*Thermoproteus* 属）はおもに硫黄泉や熱水噴出孔などの陸上熱水に分布する超好熱の桿菌である．70～110 ℃程度の範囲で増殖し，中性か弱酸性の環境を好む．大半は嫌気条件で硫黄を還元して，水素や有機物を代謝する．

スルフォロブス（*Sulfolobus* 属）はおもに陸上熱水に分布する好酸菌で，不定形球菌である．通性嫌気性で 50～90 ℃程度の温泉などに生育し，硫黄化合物を利用する．

まとめ

- 細菌と古細菌は形態的特徴や代謝系に加えて，分子系統解析によって分類される．
- シアノバクテリア類はグラム陰性好気性で，酸素を発生する光合成独立栄養細菌である．
- プロテオバクテリア類はグラム陰性菌の大きなグループでおもにアルファからイプシロンの 5 群に分かれ，光合成細菌，リケッチア，腸内細菌，病原菌など多様な細菌を含む．
- フィルミクテス類は低 GC 含量，グラム陽性の細菌のグループで，芽胞をつくる病原菌や乳酸菌などを含む．
- テネリクテス類は細胞壁を欠く細菌のグループで，マイコプラズマなどを含む．
- アクチノバクテリア類は放線菌のグループで，多くの抗生物質生産菌を含む．
- クラミジア類はきわめて小型の，スピロヘータ類はらせん形の病原菌グループである．
- 古細菌は細胞表層の構造，膜脂質など，さまざまな点で細菌と異なる．
- 古細菌の多くは温泉，硫気孔，熱水噴出孔，塩田などの極限環境から発見される．
- メタン菌は，水田や湖沼，動物の消化管などの嫌気環境に幅広く分布する．

10 原生生物

原生生物は系統発生的にはきわめて多様なグループから成る．伝統的な枠組みである原生動物と藻類，変形菌類と鞭毛菌類とに大別して，おもなグループの特徴を理解しよう．

10・1 原生動物

原生動物 protozoa 原虫ともよばれる．

原生動物は真核生物のうち従属栄養性で動物的な行動を示すものをまとめた便宜的なグループで，多くは単細胞生物である．伝統的にはミドリムシなどの鞭毛虫類，アメーバや有孔虫などの肉質虫類，マラリア原虫などの胞子虫類，ゾウリムシなどの繊毛虫類の4群に分類されることが多かった．本書では分子系統解析の知見をふまえて，以下の10群に分けて解説する（表10・1，表8・3も参照）．

パラバサリア類

パラバサリア類 Parabasalia

トリコモナス症 trichomoniasis

パラバサリア類（エクスカバータ）は鞭毛をもつ原生動物で，多くは寄生性である．嫌気性で，ミトコンドリアを失っている．哺乳類に寄生するものには，性感染症である**トリコモナス症**を起こす腟トリコモナス *Trichomonas vaginalis*（図10・1）などがある．シロアリやキゴキブリの消化管内に共生するものは細胞表面に多数の鞭毛をもち，超鞭毛類あるいはケカムリ類ともよばれる．これらは内部に共生細菌をもち，共生細菌とともに宿主昆虫のセルロース分解を介助する．

表10・1 原生動物の分類の概要

スーパーグループ	本書での分類	特徴
エクスカバータ	パラバサリア類	嫌気性で，腟トリコモナス，シロアリやキゴキブリの消化管内に共生してセルロース分解するものなど．
	ミドリムシ類	アフリカ睡眠病を起こすブルーストリパノソーマなど．
アルベオラータ	渦鞭毛虫類	縦横2本の鞭毛をもつ．ヤコウチュウなど．
	アピコンプレクサ類	寄生性で，頂端複合体をもつ．マラリア原虫，トキソプラズマなど．
	繊毛虫類	全身に繊毛をもつ．ゾウリムシ，ラッパムシ，ツリガネムシ，テトラヒメナなど．
リザリア	有孔虫類	石灰質の殻をもつ．ホシズナなど．
	放散虫類	珪酸質の骨格をもつ海産プランクトン．
アメーボゾア	アメーバ類	アメーバ，赤痢アメーバなど．
オピストコンタ	微胞子虫類	動物細胞内寄生性でミトコンドリアや鞭毛を欠く．
	襟鞭毛虫類	襟構造をもつ微小な原生動物．

ミドリムシ類

　ミドリムシ類（エクスカバータ）は前方と後方に 2 本の鞭毛をもつが，後方鞭毛は短いものが多い．*Trypanosoma* 属にはアフリカ中南部の各地で，ツェツェバエによって動物からヒトに伝染し**アフリカ睡眠病**を起こすトリパノソーマ原虫 *T. brucei*（図 10・2）などがある．

ミドリムシ類 Euglenozoa

アフリカ睡眠病 African trypanosomiasis, sleeping sickness

図 10・1　*Trichomonas vaginalis*　　図 10・2　*Trypanosoma brucei*

渦鞭毛虫類

　渦鞭毛虫類（アルベオラータ）は縦横 2 本の鞭毛をもつ．ヤコウチュウ *Noctiluca scintillans*（図 10・3）は海洋性のプランクトンで，物理的刺激に応答して生物発光する．

渦鞭毛虫類 Dinoflagellata

アピコンプレクサ類

　アピコンプレクサ類（アルベオラータ）は寄生性の原生動物で，宿主細胞に侵入するための**頂端複合体**とよばれる特殊な構造をもつ．ハマダラカによりヒトに伝染して**マラリア**を起こすマラリア原虫（*Plasmodium* 属），食肉やネコの糞便からヒトに経口感染してトキソプラズマ症を起こすトキソプラズマ *Toxoplasma gondii*（図 10・4），飲料水などを介して下痢症を起こすクリプトスポリジウム *Cryptosporidium hominis*，*C. parvum* などがある．アピコプラストとよばれる四重膜構造器官は細胞内共生した葉緑体の痕跡で，脂肪酸合成などの機能を担う．

アピコンプレクサ類 Apicomplexa

頂端複合体 apical complex

マラリア malaria

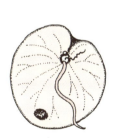
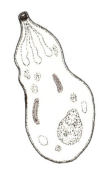

図 10・3　*Noctiluca scintillans*　　図 10・4　*Toxoplasma gondii*

繊毛虫類

　繊毛虫類（アルベオラータ）は全身に繊毛をもつ単細胞の原生動物で，群体を形

繊毛虫類 Ciliophora, Ciliate

成するものや単細胞藻類を細胞内共生させるものもある．淡水域に広く分布するゾウリムシ（*Paramecium* 属）（図 10・5），ラッパムシ，ツリガネムシ，テトラヒメナなどがある．

図 10・5 *Paramecium* sp.

有孔虫類

有孔虫類 Foraminifera

有孔虫類（リザリア）は石灰質の殻と網状仮足をもつアメーバ状の原生動物で（図 10・6），単細胞藻類を細胞内共生させるものもある．おもに海洋に分布する．沖縄の星の砂は，ホシズナ *Baculogypsina sphaerulata* の殻である．

放散虫類

放散虫類 Radiolaria, Radiozoa

放散虫類（リザリア）は珪酸質の骨格をもつ単細胞性生物で，おもに海産プランクトンとして分布する（図 10・7）．球状あるいは円錐状の形態をもつものが多い．有孔虫類などとともに微化石として発見されるものが多い．

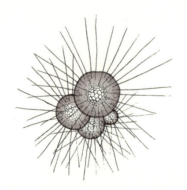 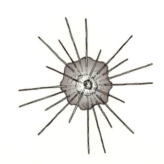

図 10・6 *Globigerina bulloides*　　図 10・7 *Acanthometron pellucidum*

アメーバ類

アメーバ類 Amoebozoa

アメーバ類（アメーボゾア）は仮足をもつアメーバ状の原生動物で，多くは単細胞性である（図 10・8）．土壌や水圏に分布するが，他の生物に共生するものもある．アメーバ（*Amoeba* 属）などのほか，キチン質や石灰質の殻をもつ有殻アメーバもある．赤痢アメーバ *Entamoeba histolytica* は生水や野菜などから経口感染して，

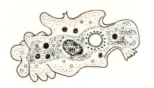

図 10・8 *Amoeba proteus*

アメーバ赤痢とよばれる赤痢症状や大腸炎を起こす．アカントアメーバには，コンタクトレンズ使用により角膜炎を起こすものがある．

アメーバ赤痢 amebic dysentery

微胞子虫類

微胞子虫類（オピストコンタ）は動物の細胞内に寄生する．真核生物の中ではゲノムサイズが最小の単細胞生物で，特殊化した菌類と考えられている（図10・9）．ミトコンドリアをもたず，鞭毛も欠く．卵形の胞子はタンパク質とキチンから成る二重の細胞壁をもつ．カイコや魚類などに寄生して深刻な被害を与えることがある．

微胞子虫類 Microspora

襟鞭毛虫類

襟鞭毛虫類（オピストコンタ）は従属栄養性の微小な原生動物で，水圏に広く分布する（図10・10）．後方に1本の鞭毛をもち，それにより推進する．鞭毛の基部には微絨毛が環状に取り囲んだ襟という構造があり，海綿動物などの襟細胞との共通性が指摘されている．多細胞生物に似た分業体制をもつ群体を形成するものもある．この襟鞭毛虫類の祖先とヒトを含む後生動物の祖先とは，先カンブリア紀の約6億年前に分岐したと考えられている．

襟鞭毛虫類 Choanomorada, Choanozoa

襟 collar

 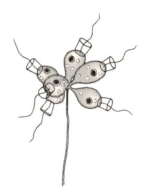

図10・9 *Fibrillanosema crangonycis*　　図10・10 *Codosiga botrytis*

10・2　藻　類

原生生物のうちのいわゆる藻類は，酸素発生型光合成真核生物のうちコケ植物，シダ植物，種子植物を除いたものである．藻類はきわめて多様で，コンブなどのように巨大になるため微生物に含まれないものも多い．以前は原核生物であるシアノバクテリアも含めて，藍藻類，紅藻類，褐藻類，緑藻類，珪藻類，黄緑藻類，渦鞭毛藻類などとして分類されることが多かった．本書では最近の知見をふまえて，以下の9群に分けて解説する（表10・2，表8・3も参照）．なお，クリプト藻類とハプト藻類の2群は系統関係が明らかでないため，国際原生生物学会の5スーパーグループには含まれていない．

藻類 algae [*pl.*]　単数形は alga で，ラテン語の海草に由来する．

藻類の葉緑体は，核膜とミトコンドリアを獲得した祖先原核細胞にシアノバクテリア近縁の原核生物が取込まれて成立したと考えられる．光合成真核生物は進化の

過程で光合成色素を変化させ，また，細胞内共生を繰返して，各種の藻類に分化した．ユーグレナ藻類などの葉緑体膜を3枚もつ分類群は，2回の細胞内共生により獲得した葉緑体包膜4枚のうちの1枚を後に失ったとされる（図10・11）．

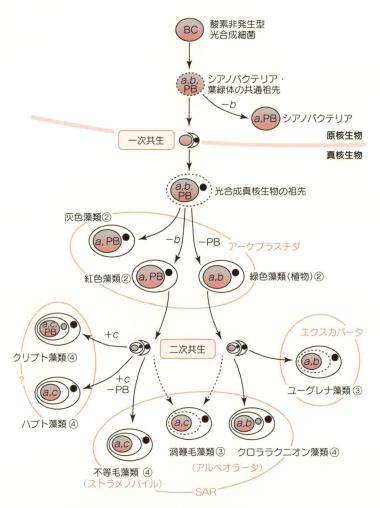

図10・11 光合成藻類の共生進化とおもな光合成色素 a：クロロフィルa, b：クロロフィルb, c：クロロフィルc, BC：バクテリオクロロフィル, PB：フィコビリン, ②〜④：葉緑体の包膜数, ●：核, ●：ヌクレオモルフ

ユーグレナ藻類

ユーグレナ藻類 Euglenophyta　　ユーグレナ藻類（エクスカバータ）は鞭毛により運動する単細胞独立藻類で，ユーグレナ（ミドリムシ，*Euglena* 属）がよく知られている（図10・12）．クロロ

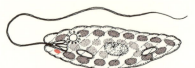

図10・12　*Euglena* sp.

表 10・2 藻類の分類の概要

スーパーグループ	本書での分類	特徴
エクスカバータ	ユーグレナ藻類	クロロフィル a, b をもつ．葉緑体は三重膜．ユーグレナなど．
ストラメノパイル	不等毛藻類	クロロフィル a, c をもつ．葉緑体は四重膜．コンブ，ワカメなどの褐藻類，珪藻類，黄金色藻類，ラフィド藻類など．
アルベオラータ	渦鞭毛藻類	クロロフィル a, c をもつ．葉緑体は三重膜．海産プランクトンが多い．褐虫藻は海産無脊椎動物に細胞内共生する．
リザリア	クロララクニオン藻類	クロロフィル a, b をもつ．葉緑体は四重膜．ヌクレオモルフをもつ．糸状仮足をもつアメーバ様．
アーケプラスチダ	灰色藻類	クロロフィル a とフィコビリンをもつ．
	紅色藻類	クロロフィル a とフィコビリンをもつ．アサクサノリ，テングサなど．
	緑色藻類	クロロフィル a, b をもつ．アオサ，アオミドロ，ミカヅキモ，カサノリなど．
その他(所属不明)	クリプト藻類	平板状クリステ．葉緑体は四重膜．クロロフィル a, c，フィコビリンをもつ．ヌクレオモルフをもつ．
	ハプト藻類	クロロフィル a, c をもつ．葉緑体は四重膜．ハプト鞭毛をもつ．円石藻など．

フィル a, b をもつ葉緑体は三重膜で，緑色藻類の二次共生により獲得されたものとされる．このなかには葉緑体を失って従属栄養性になったものもある．おもに富栄養条件の淡水域に分布する．ユーグレナ藻類は豊富な栄養素をもつことから栄養食品などに利用されるとともに，バイオ燃料の原料としての将来性も期待される．

不 等 毛 藻 類

不等毛藻類（ストラメノパイル）は藻類の巨大な分類群である．大型の海草である褐藻類は多細胞性であるが，それ以外は単細胞性で淡水から海水まで広く分布する．遊走子に2本の鞭毛をもち，前方に遊泳する．不等毛藻類の葉緑体は四重膜に囲まれ，紅色藻類型生物の二次共生に由来する．光合成色素はクロロフィル a, c である．

不等毛藻類 Heterokontophyta
オクロ植物 Ochrophyta ともよばれる．

褐藻類は海洋に広く分布する大型海草で，コンブ，ワカメ，ヒジキなど食用になるものも多い．珪藻類は放射状または左右対称の単細胞生物で，珪酸質の被殻に包まれる（図 10・13）．黄金色藻類は淡水を中心に分布するプランクトン性の藻類

褐藻類 brown algae [pl.]
珪藻類 diatoms [pl.]
被殻 frustules [pl.]
黄金色藻類 golden algae [pl.]

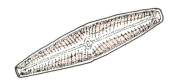

図 10・13 *Navicula* sp.

で，樹状や臼状の群体を形成するものもある（図 10・14）．ラフィド藻類は淡水から海水までに分布し，細胞壁をもたない．沿岸域で大量に繁殖すると赤潮を起こす（図 10・15）．

ラフィド藻類 raphidophytes [pl.]

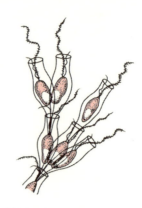
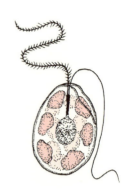

図 10・14　*Dinobryon* sp.　　図 10・15　*Heterosigma akashiwo*

渦鞭毛藻類

渦鞭毛藻類Dinoflagellata, Dinophyta

褐虫藻 zooxanthellae [*pl.*]

貝毒 shellfish poison

　渦鞭毛藻類（アルベオラータ）は単細胞藻類で，細胞表面に縦横の溝をもつ．葉緑体は三重膜に囲まれ，光合成色素はクロロフィル a, c である（図10・16）．海産プランクトンが多いが，淡水にも分布する．ラフィド藻類とともに赤潮の代表構成生物である．**褐虫藻**とよばれる一群はシャコガイ，イソギンチャク，造礁サンゴなどの海産無脊椎動物に細胞内共生する．渦鞭毛藻類が生産した毒素が捕食した貝類に蓄積されると**貝毒**の原因になる．

クロララクニオン藻類

クロララクニオン藻類 Chlorarachniophyta　"緑色のクモの巣" という意味をもつ．

ヌクレオモルフ nucleomorph　二次共生した共生藻の核が退化したものとされる．

　クロララクニオン藻類（リザリア）は海産の単細胞藻類で，糸状仮足をもつアメーバ様でありながら緑色藻類型葉緑体をもち，光合成を行う．葉緑体膜は四重で，クロロフィル a, b をもつ．内側の葉緑体膜内部に**ヌクレオモルフ**とよばれる小器官がある（図10・17）．

灰色藻類

灰色藻類 Glaucophyta　多くは灰色ではなく，シアノバクテリアと同様の深い青緑色である．

　灰色藻類（アーケプラスチダ）は淡水に分布する単細胞藻類で，細胞内に二重膜の原始的な葉緑体をもつ．光合成色素として，クロロフィル a のほかにフィコビリンをもつ（図10・18）．

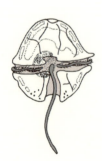
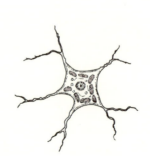

図 10・16　*Gonyaulax tamarensishiwo*　　図 10・17　*Chlorarachnion* sp.　　図 10・18　*Cyanophora* sp.

紅色藻類

紅色藻類（アーケプラスチダ）はほとんどが海産の多細胞藻類である．葉緑体は二重膜で，クロロフィル a とフィコビリンをもつ．紅色藻類では鞭毛をもつ細胞は見つかっていない．アサクサノリやテングサなどがある．

紅色藻類 red algae [*pl.*], Rhodophyta

緑色藻類

緑色藻類（アーケプラスチダ）は淡水，海水に分布する藻類で，葉緑体は二重膜で，クロロフィル a, b をもつ（図 10・19）．ミルのように大型の樹状のもの，アオサのような葉状のもの，アオミドロのような糸状のもの，ミカヅキモのような単細胞のものがある．カサノリ（*Acetabularia* 属）（図 10・20）などは大きくて複雑な構造をもち，オオヒゲマワリ *Volvox carteri* などでは 50,000 にも及ぶ鞭毛細胞が統制のとれた行動をする．シャジクモなどの車軸藻類は陸上植物（コケ植物，シダ植物，種子植物）と近縁であり，後者は車軸藻類に近い祖先から進化したものと考えられている．菌類と共生して地衣類を形成するものもある．

緑色藻類 green algae [*pl.*], Chlorophyta

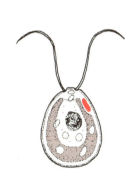

図 10・19 *Chlamidomonas* sp.

図 10・20 *Acetabularia* sp.

クリプト藻類

クリプト藻類（その他）は小型の遊泳性の単細胞藻類で，淡水，海水に広く分布する．2 本の鞭毛をもつ．ミトコンドリアのクリステは平板状．葉緑体は四重膜で，クロロフィル a, c，フィコビリンをもつ．クロララクニオン藻類と同様に葉緑体膜内部にヌクレオモルフをもつ（図 10・21）．

クリプト藻類 cryptista, cryptophyte

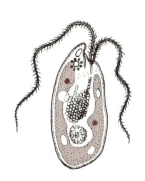

図 10・21 *Cryptomonas* sp.

ハプト藻類

ハプト藻類 Haptophyta

ハプト藻類（その他）はおもに海洋に分布するプランクトンである．ミトコンドリアのクリステは管状，葉緑体は四重膜で，クロロフィル a, c をもつ．2本の鞭毛のほかに，ハプト鞭毛とよばれる鞭毛に似た器官を1本もつ（図10・22）．海洋の一次生産者として重要で，赤潮の原因にもなる．細胞表面に炭酸カルシウムの円盤形の鱗片をもつものは円石藻として知られる（図10・23）．

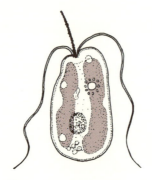
図10・22 *Prymnesium* sp.

図10・23 *Gephyrocapsa* sp.

10・3 変形菌類

変形菌類 myxomycete

変形菌類は粘菌類ともよばれる生物で，アクラシス類，ラビリンチュラ類，ネコブカビ類，真正粘菌類（変形菌類），タマホコリカビ類が相当する．アメーバ運動により移動する変形体とキノコ様の子実体の両方の形態をとることが特徴である（表10・3，表8・3も参照）．

アクラシス類

アクラシス類 Acrasida, Acrasinomycetes
子実体 fruit(ing) body
胞子 spore
細胞性粘菌 cellular slime mold

アクラシス類（エクスカバータ）は栄養段階では単核性のアメーバ状原生動物様であるが，それらが集合して子実体を形成し，胞子を放出する．タマホコリカビ類とともに細胞性粘菌ともよばれたが，これとは遠縁であることがわかって分離され

表10・3 変形菌類の分類の概要

スーパーグループ	本書での分類	特　徴
エクスカバータ	アクラシス類	単核性のアメーバ状であるが，共同で子実体を形成．細胞構造を保ち，葉状仮足を伸ばして素早く移動．
ストラメノパイル	ラビリンチュラ類	アメーバ様の紡錘形の細胞が連なり，基質の表面に網目状のコロニーを形成．遊走子は前後に2本の鞭毛をもつ．
リザリア	ネコブカビ類	細胞内寄生性で，ほとんどが植物に寄生．子実体は形成せず宿主に絶対寄生する．ネコブカビなど．植物ウイルス媒介菌もある．
アメーボゾア	真正粘菌類	変形体は多核の細胞質塊で細胞壁に囲まれておらず，子実体には多数の単核性胞子が形成される．モジホコリ，ムラサキホコリなど．
	タマホコリカビ類	栄養体はアメーバ状で，それが集合して多細胞の子実体を形成する．変形体は糸状仮足を出してゆっくり移動する．キイロタマホコリなど．

た．生活史を通して多核体にはならず，細胞構造を保つ．アクラシス類のアメーバは比較的大きなナメクジ型で，前方に葉状仮足を伸ばして素早く移動する．

ラビリンチュラ類

ラビリンチュラ類（ストラメノパイル）はアメーバ様の微生物で紡錘形の細胞が連なり，基質の表面に網目状のコロニーを形成する．遊走子は前後に2本の鞭毛をもつ．

ラビリンチュラ類 Labyrinthulea, Labyrinthulomycetes 名称は"迷宮"から．

遊走子 zoospore

ネコブカビ類

ネコブカビ類（リザリア）は細胞内寄生性で，ほとんどが植物に寄生する．生活環のなかで細胞壁を欠く変形体や前後に2鞭毛をもつ遊走子の時期がある点で真正粘菌に似るが，子実体は形成せず宿主に絶対寄生する．多核で不定形の変形体は宿主細胞内で休眠胞子になる．菌糸体は形成しない．ネコブカビ *Plasmodiophora brassicae* はアブラナ科野菜の根に寄生して多数のこぶをつくり，大きな被害をもたらす．ポリミクサ（*Polymyxa* 属）は一部の植物ウイルスを媒介する．

ネコブカビ類 Plasmodiophorida, Plasmodiophoromytes

真正粘菌類

真正粘菌類（アメーボゾア）は湿った森の腐朽した樹木や切り株などに生育する．変形体は多核の細胞質塊で細胞壁に囲まれておらず，アメーバのように行動する．子実体には多数の単核性胞子が形成される．胞子は発芽すると前後に2本の鞭毛をもつアメーバ状配偶子を形成し，これらが接合して新しい変形体になる（図10・24）．モジホコリ *Physarum polycephalum*，ムラサキホコリなどがある．光を当てると特定の形になり，粘菌コンピューターとしてシミュレーション研究などにも利用される．

真正粘菌類 Myxogastria, Myxogastromycetes 変形菌ともよばれる．南方熊楠（1867-1941）が先進的な研究をしたことでも有名．

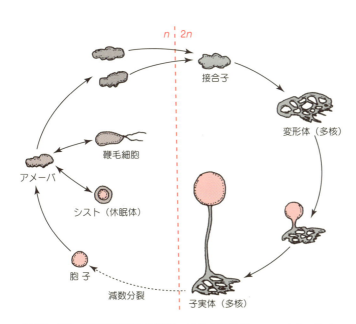

図10・24 真正粘菌類の生活環　モジホコリ *Physarum polycephalum*

タマホコリカビ類

タマホコリカビ類（アメーボゾア）はアクラシス類とともに細胞性粘菌とよばれていたもので，栄養体はアメーバ状で，サイクリックAMPにより誘引されて集合し，多細胞の子実体を形成する（図10・25）．子実体の柄は死細胞のセルロースの壁から成る．変形体は糸状仮足を出してゆっくり移動する点がアクラシス類とは異なる．キイロタマホコリ *Dictyostelium discoideum* などは発生分化，細胞運動のモデル生物として研究されている．

タマホコリカビ類
Dictyosteliida,
Dictyosteliomycetes

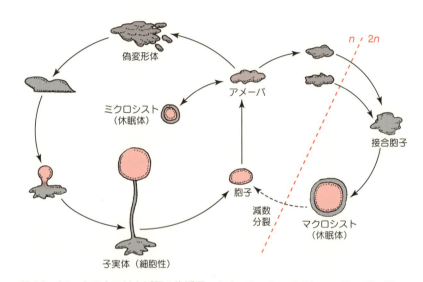

図10・25　タマホコリカビ類の生活環　キイロタマホコリ *Dictyostelium discoideum*

10・4　鞭毛菌類

鞭毛菌類は鞭毛をもつ遊走子を形成するもので，サカゲツボカビ類，卵菌類の2群である（表10・4，表8・3も参照）．

鞭毛菌類 Mastigomycetes,
zoosporic fungi

表10・4　鞭毛菌類の分類の概要[†]

スーパーグループ	本書での分類	特　徴
ストラメノパイル	サカゲツボカビ類	寄生性で，前方1本の鞭毛で前方に遊泳する．
	卵菌類	栄養体は菌糸状であるが，多くは多核で隔壁がない．有性生殖により卵胞子を形成する．魚類に寄生するミズカビ，ジャガイモ疫病菌など．

[†] 従来の鞭毛菌類には，これらに加えてツボカビ類（§11・1参照）も含めることが多かった．

サカゲツボカビ類

サカゲツボカビ類（ストラメノパイル）は淡水に分布し，菌類や昆虫などに寄生する．前方に1本の鞭毛をもち，前方に遊泳する．有性生殖は知られていない．

サカゲツボカビ類
Hyphochytrida,
Hyphochytridiomycetes

卵 菌 類

卵菌類（ストラメノパイル）は菌類様の腐生性あるは寄生性の従属栄養生物であ

卵菌類 Oomycota, Oomycetes

る．栄養体は菌糸状であるが，多くは多核で隔壁がない．無性生殖は遊走子による．遊走子は前後に2本の鞭毛をもち，前方に遊泳する．有性生殖では造卵器と造精器により，耐久性のある卵胞子を形成する．魚類に寄生するミズカビ類のほか，ジャガイモ疫病菌 *Phytophthora infestans* などの植物病原菌も多い（図10・26）．ツボカビなどの菌界の生物の細胞壁はキチンを主成分とし，リシン合成経路はα-アミノアジピン酸経由であるのに対し，卵菌類の細胞壁はセルロース性で，リシン合成は細菌などと同じくジアミノピメリン酸経由である点が大きく異なる．

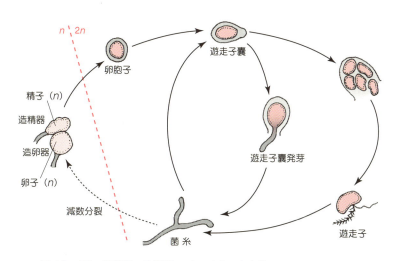

図10・26 卵菌類の生活環 ジャガイモ疫病菌 *Phytophthora infestans*

最後に変形菌類と鞭毛菌類のおもな特徴を表10・5に示す．

表10・5 変形菌類と鞭毛菌類のおもな特徴

分類群	鞭毛	栄養体	無性胞子	有性胞子	生態
アクラシス類	一部は2本	細胞性変形体	胞子	なし	捕食
ラビリンチュラ類	前後に2本	網目状コロニー	遊走子	なし	水圏腐生/捕食/寄生
ネコブカビ類	前後に2本	多核変形体	遊走子	休眠胞子	植物寄生
真正粘菌類	前後に2本	多核変形体	遊走子	遊走子/胞子	腐生
タマホコリカビ類	なし	細胞性変形体	胞子	接合胞子	捕食
サカゲツボカビ類	前に1本	単細胞/菌糸体様	遊走子	なし	菌類・昆虫寄生
卵菌類	前後に2本	多核菌糸体	遊走子/胞子嚢胞子	卵胞子	腐生/植物・魚類寄生

まとめ

- 原生生物は五界説で原核生物，菌類，植物，動物に含まれない原生動物や藻類などをまとめたものである．
- 原生動物は単細胞真核生物のうちで，従属栄養性で動物的な行動を示すものである．

- 原生動物には，パラバサリア類，ミドリムシ類，渦鞭毛虫類，アピコンプレクサ類，繊毛虫類，有孔虫類，放散虫類，アメーバ類，微胞子虫類，襟鞭毛虫類などがある．
- 藻類は酸素発生型光合成真核生物のうちで，コケ植物，シダ植物，種子植物を除いたものである．
- 藻類には，ユーグレナ藻類，不等毛藻類，渦鞭毛藻類，クロララクニオン藻類，灰色藻類，紅色藻類，緑色藻類，クリプト藻類，ハプト藻類などがある．
- 変形菌類はアメーバ運動により移動する変形体とキノコ様の子実体の両方の形態をとることが特徴で，アクラシス類，ラビリンチュラ類，ネコブカビ類，真正粘菌類，タマホコリカビ類が相当する．
- 鞭毛菌類は鞭毛をもつ遊走子を形成する菌類と似た生物で，サカゲツボカビ類と卵菌類がある．

11 菌　　類

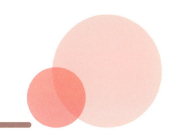

菌類は植物や動物とは異なる従属栄養の真核生物である．菌界として扱われる菌類のおもなグループについて学ぼう．

11・1　菌界の菌類

菌類はほとんどが多細胞の菌糸体という形態をもち，細胞壁の主成分はキチンである．おもに胞子で繁殖し，体細胞分裂による無性生殖と減数分裂による有性生殖を独立に行う．従属栄養生物で，体外の有機物を細胞表面から吸収する．従来は，ツボカビ類，接合菌類，子嚢菌類，担子菌類，不完全菌類として分類されることが多かった．しかし，**接合菌類**は多系統であることが明らかになり，グロムス菌類，ケカビ類などのいくつかに分けられた（表11・1）．

菌類の分類は，おもに有性世代（完全世代）の形態的特徴である**テレオモルフ**を基準として行われる．テレオモルフが観察されないために分類が確定できない菌類は，無性世代（不完全世代）の形態である**アナモルフ**によって便宜的に分類されるが，これらは**不完全菌類**あるいは**アナモルフ菌類**として扱われる．抗生物質の生産や発酵など人間生活に関わる重要な菌類も多いため現在でも実用的な価値は高いが，分類学での分類群としては扱われない．有性世代が発見されると多くは子嚢

菌類 fungus (*pl.* -gi)　糸状菌ともいう．医学分野では細菌と区別するため真菌あるいは真菌類とよばれることが多い．

接合菌類 zygomycetes [*pl.*]　グロムス菌類，ケカビ類のほかに，ハエカビ類，トリモチカビ類，キックセラ類などに分けられるようになった．

テレオモルフ teleomorph

アナモルフ anamorph

不完全菌類 imperfect fungi [*pl.*]

アナモルフ菌類 anamorphic fungi [*pl.*]

表 11・1　菌類の分類の概要

スーパーグループ	本書での分類	特　徴
オピストコンタ	ツボカビ類	後方1本の鞭毛により前方に遊泳する．菌糸体はない．植物病原菌や植物ウイルス媒介菌もある．カエルツボカビなど．
	グロムス菌類	陸上植物の根にアーバスキュラー菌根をつくる．まばらな隔壁をもつ多核菌糸体で，菌糸先端に大型のグロムス型胞子を形成して無性生殖する．
	ケカビ類	隔壁がない多核の菌糸体を形成する．無性的には胞子嚢胞子で，有性的には接合胞子によって増殖する．ケカビ，クモノスカビなど．
	子嚢菌類	菌界のなかの最大のグループで，有性生殖によって子嚢胞子をつくる．栄養体は隔壁をもつ菌糸体であり，隔壁には穴がある．パンや酒の製造に利用される出芽酵母，アカパンカビなど．アミガサタケやチャワンタケなどはキノコを形成．各種の植物のうどんこ病菌，サクラてんぐ巣病菌など，植物病原菌も多い．
	担子菌類	隔壁のある菌糸体をつくる．有性生殖により担子胞子をつくる．いわゆるキノコのほとんどは担子菌類の子実体である．キノコを形成しない担子菌類には，さび病菌とくろほ病菌の植物病原菌のグループがある．サルノコシカケなどの木材腐朽菌やマツタケなど植物と共生する外生菌根菌も多い．

菌，一部は担子菌に分類されて，新しく学名が付けられる．ただし，通常有性世代がみられない菌類については，不完全菌類としての学名を使用することも多い．

本書では菌界に属するおもな菌類を，以下の5群に分けて解説する．国際原生生物学会の分類では，以下はすべてオピストコンタに所属する．

ツボカビ類

ツボカビ類 Chytridiomycota

ツボカビ類（オピストコンタ）は，菌界の菌類の中で唯一鞭毛をもつグループで，後方1本の鞭毛により前方に遊泳する．菌体は多様な形態をとるが，菌糸体はない．淡水や土壌に分布して自由生活を送るものが多いが，寄生性のものもある．シンキトリウム（*Synchytrium* 属）やオルピディウム（*Olpidium* 属）には植物病原性のものがあり，後者には植物ウイルスを媒介するものもある．カエルツボカビ *Batrachochytrium dendrobatidis* はカエルなどの両生類に致命的なツボカビ症を起こす．かつては鞭毛菌類の1グループとして扱われた．

グロムス菌類

グロムス菌類 Glomusmycota

グロムス菌類（オピストコンタ）は4億年以上前に地球上に出現したとされ，陸上植物の根にアーバスキュラー菌根をつくる（§7・2参照）．陸上植物の8割と共生し，共生できる宿主植物の特異性は低い．まばらな隔壁をもつ多核菌糸体で，菌糸先端に大型の**グロムス型胞子**を形成して無性生殖する．絶対寄生菌であるので，単独では培養できない．農作物に施用するとリンや水分の吸収，耐病性が向上するとされ，グロムス（*Glomus* 属）やギガスポーラ（*Gigaspora* 属）などが農業資材として利用される．

グロムス型胞子 glomerospore

ケカビ類

ケカビ類 Mucoromycotina

ケカビ類（オピストコンタ）はグロムス菌類とともに接合菌とされていたもの

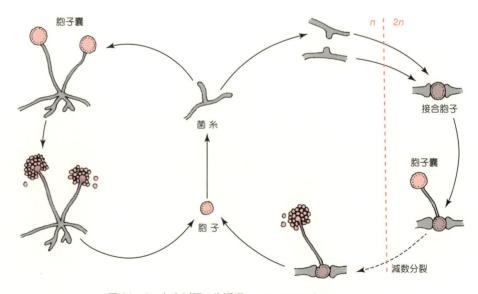

図 11・1　ケカビ類の生活環　クモノスカビ *Rhizopus* spp.

で，隔壁がない多核の菌糸体を形成する．無性的には胞子嚢胞子で，有性的には**接合胞子**によって増殖する（図11・1）．多くは腐生性であるが，寄生性のものもある．ケカビ（*Mucor*属），クモノスカビ（*Rhizopus*属）などがあり，酒類や発酵食品の製造に利用されるものもある．

子嚢菌類

子嚢菌類（オピストコンタ）は菌界のなかの最大のグループで，有性生殖によって**子嚢**を形成し，その中に通常は8個の**子嚢胞子**をつくる．子嚢は子嚢殻とよばれる子実体の中につくられるものが多く，子嚢殻の形状により分類される．無性的には**分生胞子**によって増殖する（図11・2）．栄養体は隔壁をもつ**菌糸体**であ

接合胞子 zygospore

子嚢菌類 Ascomycota
子嚢 ascus (*pl.* -ci)
子嚢胞子 ascospore
分生胞子 conidium (*pl.* -dia)
分生子ともよぶ．

菌糸体 mycelium (*pl.* -lia)

子嚢菌類の *Botrytis* sp. の分生胞子（出典：CDC/L. K. Georg）

図11・2 子嚢菌類の生活環 アカパンカビ *Neurospora crassa*

り，隔壁には穴がある．出芽酵母 *Saccharomyces cerevisiae* などは単細胞で，出芽や分裂で増える．酵母はパンや酒の製造に利用されるとともに，アカパンカビ *Neurospora crassa* とともに生物学の発展に貢献してきた．アオカビ（*Penicillium* 属），コウジカビ（*Aspergillus* 属）も多くは子嚢菌である．アミガサタケやチャワンタケなどはキノコを形成する．各種の植物のうどんこ病菌，サクラてんぐ巣病菌など，植物病原菌が多い．イネばか苗病菌 *Gibberella fujikuroi* からは，初めての植物ホルモンとしてジベレリンが発見された．ライムギなどに発生する麦角菌（*Claviceps* 属）はアルカロイドを生産し，ヒトや家畜に麦角中毒を起こす．昆虫の幼虫に寄生する冬虫夏草とよばれる一群もある．なお，地衣類を形成する菌類のほとんどは子嚢菌である（§7・2参照）．

担子菌類

担子菌類 Basidiomycota
担子器 basidium (*pl.* -dia)
担子胞子 basidiospore
かすがい連結 clamp connection

担子菌類（オピストコンタ）は隔壁のある菌糸体をつくる．有性生殖では**担子器**の上に通常は4個の**担子胞子**をつくる．無性的には分生胞子によって増殖する．菌糸には1核性の一次菌糸と2核性の二次菌糸とがあり，二次菌糸は細胞分裂の結果，特有の**かすがい連結**を形成する．いわゆるキノコのほとんどは担子菌類の子実体で，二次菌糸からできる（図11・3）．キノコを形成しない担子菌類には，さび病菌とくろほ病菌の植物病原菌のグループがある．サルノコシカケなど，木造家屋などを腐朽させる木材腐朽菌もある．マツタケなど，植物と共生する外生菌根菌も多い．

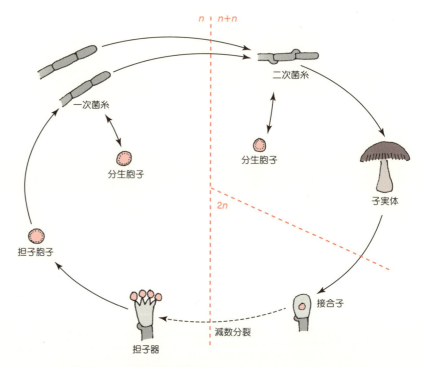

図11・3　担子菌類の生活環　ヌメリスギタケ *Pholiota adiposa*

以上の菌類のおもな特徴を表11・2に比較した．

表11・2　菌類のおもな特徴

分類群	鞭毛	栄養体	無性胞子	有性胞子	生態
ツボカビ類	後に1本	単細胞/菌糸体様	遊走子	接合胞子/休眠胞子	腐生/寄生
グロムス菌類	なし	多核菌糸体	グロムス型胞子	なし	植物寄生
ケカビ類	なし	多核菌糸体	胞子嚢胞子	接合胞子	おもに腐生
子嚢菌類	なし	隔壁をもつ菌糸体	分生胞子	子嚢胞子	おもに腐生
担子菌類	なし	隔壁をもつ菌糸体	分生胞子	担子胞子	おもに腐生

まとめ

- 菌類は胞子で増殖する従属栄養生物で,キチンを主成分とする細胞壁をもち,多くは細胞が連なった菌糸体をつくる.
- 菌界に分類されるおもな菌類には,ツボカビ類,グロムス菌類,ケカビ類,子嚢菌類,担子菌類がある.
- 子嚢菌は菌界の中の最大のグループで,有性生殖によって子嚢胞子をつくる.
- 担子菌類は有性生殖によって担子胞子をつくる.

12 ウイルス

非細胞性生命体であるウイルスとはどのような微生物だろう．ウイルスの構造と性質，他の生物との関係について学ぼう．

12・1 ウイルスとその性質

ウイルスは細胞性でないために通常は生物としては扱われないが，病原体などとしても重要であるため微生物学の対象になる．ウイルスとはどのようなものだろうか．

ウイルスはきわめて小型の感染性生命体である．細胞構造をもたず，核酸はDNAかRNAのどちらか一方のみをもつ．増殖には生きた生物の細胞内に寄生する必要がある偏性細胞内寄生体であり，人工培養はできない．自己複製のための遺伝情報はもつが，エネルギーを獲得し物質を合成するための代謝系はもたない（表9・5参照）．

人類が初めて知ることになったウイルスは，現在ではタバコモザイクウイルス (TMV) として知られる植物ウイルスで，タバコモザイク病の病原体である．1892年にロシアの植物学者**イワノフスキー**は，モザイク病にかかったタバコ葉の汁液を細菌沪過器を通過させ，それを健全なタバコの葉に塗り付けるとタバコがモザイク病になることを発見し，病原が細菌より小さい毒素ではないかと考えた．しかし，1898年にオランダの微生物学者ベイエリンクは，その病原が接種したタバコの葉で増殖することを明らかにして伝染性生命液 (contagium vivum fluidum) と命名し，生物性病原体としてのウイルスの概念を確立した．その後，天然痘や黄熱病など動植物の多くの病気が，ウイルスによることが明らかになった．1935年に米国の生化学者スタンリーはTMVを結晶化して本体がタンパク質であるとしたが，そのすぐ後にウイルスは核酸とタンパク質とから成ることが明らかになった．さらに，電子顕微鏡により構造が解明され，細菌に感染するウイルスである**バクテリオファージ**などを対象とした研究によって分子生物学的な解明が飛躍的に進んだ．

ウイルスはゲノム核酸の種類（DNAかRNAか，一本鎖か二本鎖か，線状か環状かなど）によって大別され，粒子形態や遺伝子構造などによって分類されて科や属が設けられている（表12・1）．宿主ごとに，動物ウイルス，植物ウイルス，昆虫ウイルス，菌類ウイルス，細菌ウイルス（ファージ）などとして扱われることも多い．

ウイルスの学名は二語名法ではなく，たとえば *Tobacco mosaic virus* のように，

ウイルス virus

タバコモザイクウイルスの棒状ウイルス粒子

イワノフスキー D. I. Ivanovsky (1864-1920)

ベイエリンク M. W. Beijerinck (1851-1931) 同年にドイツのレフレル (F. A. J. Loeffler, 1852-1915) とフロッシュ (P. Frosch, 1860-1928) はウシ口蹄疫の病原ウイルスを発見したが，彼らはそれを微小な細菌と考えていた．したがって，ウイルスの発見者はベイエリンクといえる．

スタンリー W. M. Stanley (1904-1971)

バクテリオファージ bacteriophage 単にファージとよばれることも多い．

表 12・1　ウイルス分類の概要[†]

ゲノム	科	属	種（和名）
DNA			
二本鎖 DNA	*Myoviridae*	"T4-like viruses"	腸内細菌 T4 ファージ（細菌）
	Siphoviridae	"λ-like viruses"	腸内細菌 λ ファージ（細菌）
	Alloherpesviridae	*Cyprinivirus*	コイヘルペスウイルス（魚類）
	Herpesviridae	*Simplexvirus*	単純ヘルペスウイルス 1 型
		Lymphocryptovirus	EB ウイルス
	Adenoviridae	*Mastadenovirus*	ヒトアデノウイルス
	Baculoviridae	*Alphabaculovirus*	核多核体病ウイルス（昆虫）
	Papillomaviridae	*Alphapapillomavirus*	ヒトパピローマウイルス 16 型
	Poxviridae	*Orthopoxvirus*	ワクシニアウイルス，天然痘ウイルス
一本鎖 DNA	*Geminiviridae*	*Begomovirus*	トマト黄化葉巻ウイルス（植物）
	Parvoviridae	*Erythrovirus*	ヒトパルボウイルス B19
DNA/RNA 逆転写			
二本鎖 DNA 逆転写	*Caulimoviridae*	*Caulimovirus*	カリフラワーモザイクウイルス（植物）
	Hepadnaviridae	*Orthohepadnavirus*	B 型肝炎ウイルス
一本鎖 RNA 逆転写	*Retroviridae*	*Alpharetrovirus*	ラウス肉腫ウイルス
		Deltaretrovirus	ヒト T 細胞白血病ウイルス 1 型
		Lentivirus	ヒト免疫不全ウイルス（HIV）
RNA			
二本鎖 RNA	*Reoviridae*	*Rotavirus*	ロタウイルス A 型
		Phytoreovirus	イネ萎縮ウイルス（植物）
一本鎖 RNA（－鎖）	*Filoviridae*	*Marburgvirus*	マールブルグウイルス
		Ebolavirus	ザイールエボラウイルス
	Paramyxoviridae	*Respirovirus*	センダイウイルス
		Morbillivirus	麻疹ウイルス
		Rubulavirus	ムンプスウイルス（流行性耳下腺炎ウイルス）
	Rhabdoviridae	*Lyssavirus*	狂犬病ウイルス
		Cytorhabdovirus	ムギ北地モザイクウイルス（植物）
	Arenaviridae	*Arenavirus*	ラッサウイルス
	Bunyaviridae	*Hantavirus*	ハンタウイルス
		Tospovirus	トマト黄化えそウイルス（植物）
	Orthomyxoviridae	*Influenzavirus A*	A 型インフルエンザウイルス
		Influenzavirus B	B 型インフルエンザウイルス
		Influenzavirus C	C 型インフルエンザウイルス
一本鎖 RNA（＋鎖）	*Coronaviridae*	*Betacoronavirus*	SARS コロナウイルス
	Picornaviridae	*Enterovirus*	ポリオウイルス，ライノウイルス A 型
		Aphthovirus	口蹄疫ウイルス
	Bromoviridae	*Cucumovirus*	キュウリモザイクウイルス（植物）
	Caliciviridae	*Norovirus*	ノーウォークウイルス（ノロウイルス）
	Closteroviridae	*Closterovirus*	ビート萎黄ウイルス（植物）
	Flaviviridae	*Flavivirus*	黄熱ウイルス，日本脳炎ウイルス，デングウイルス
		Hepacivirus	C 型肝炎ウイルス
	Togaviridae	*Rubivirus*	風疹ウイルス
	Virgaviridae	*Tobamovirus*	タバコモザイクウイルス（植物）

[†]　国際ウイルス分類委員会第 9 次報告（2012）に準拠．

英語による慣用名の頭文字を大文字にして全体をイタリック表記にしたものが使われる．科や目などの上位分類が確定していない属も多い．日本では通常は“タバコモザイクウイルス（TMV）”のように和名と略号で示されることが多い．

ウイルス粒子 virus particle　ビリオン virion ともいう．

ウイルス粒子はきわめて微小で，細菌の 1/10〜1/100 程度の大きさしかない．小さいものは直径 17〜20 nm 程度の小球形で，最長のひも状ウイルスは直径が 11 nm で長さが 2.0 μm である．ウイルスは増殖が完了した時点で親ウイルスと同じ構造となり，細胞性生物のような成長過程はない．

核タンパク質 nucleoprotein
キャプシド capsid
外被タンパク質 coat protein
ヌクレオキャプシド nucleocapsid
エンベロープ envelope

ウイルス粒子は基本的には**核タンパク質**であり，遺伝情報を保持した RNA または DNA が**キャプシド**とよばれる殻に包まれている．このキャプシドは**外被タンパク質**とよばれるサブユニットが規則的に集合してできる．核酸とキャプシドが結合したものが**ヌクレオキャプシド**である．ヌクレオキャプシドがさらに脂質とタンパク質から成る**エンベロープ**とよばれる外膜に包まれるウイルスもある．ウイルス粒子の基本構造は正二十面体からせん形のいずれかで（図 3・7 参照），多くは比較的単純であるが，大腸菌の T4 ファージのようにきわめて複雑な構造をもつものもある（図 12・1）．

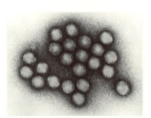
アデノウイルスの正二十面体粒子（出典：CDC/Dr. G. William Gary, Jr.）

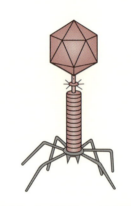

図 12・1　T4 ファージの構造

ウイルスは生きた細胞の中でのみ増殖する．細菌などの細胞性生物はおもに二分裂によって増殖するので増殖過程は対数増殖とよばれる増殖曲線を示すが，ウイル

巨大ウイルス

最近，ウイルスの常識を覆す大きさのウイルスがアメーバ類から相次いで見つかり，注目を集めている．2003 年に同定されたミミウイルスは英国の病院で分離されたもので，キャプシド外側の繊維を含めると直径が 0.75 μm もある．二本鎖線状 DNA の核酸は最小の細菌であるマイコプラズマの 2 倍以上の遺伝子をコードしており，一部ではあるが自己複製に関わる遺伝子ももっていた．その後，チリやオーストラリアなどから，さらに大きな DNA ウイルスが発見されている．これらの分類上の位置は明らかではないが，まったく新しいドメインを構成すると考える研究者もいる．

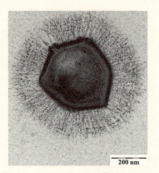
ミミウイルスの粒子

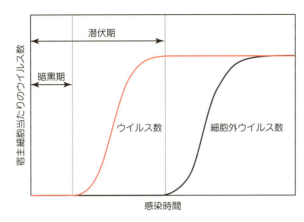

図 12・2　バクテリオファージの増殖曲線

スでは細胞内に侵入直後にウイルス粒子がみられなくなる**暗黒期**を経て粒子数を爆発的に増加させる**一段増殖**とよばれる増殖曲線を示す（図 12・2）．ウイルスの増殖は宿主細胞表面への吸着，細胞内への侵入，脱殻，ウイルス核酸の合成，ウイルス粒子部品の合成，ウイルス粒子の組立て，感染細胞からの放出というプロセスをとる（図 12・3）．

暗黒期 eclipse period
一段増殖 one-step growth

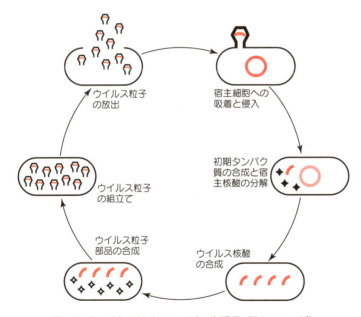

図 12・3　バクテリオファージの生活環（T4 ファージ）

　ウイルスの感染細胞への吸着は，宿主細胞表面の特異的なタンパク質であるレセプター分子を認識して行われる．動物細胞などへの侵入は，エンベロープのないウイルスでは**エンドサイトーシス**によって行われ，エンベロープのあるものではエンベロープと宿主細胞の細胞膜との**膜融合**によって行われる．ウイルス粒子は細胞質内に入ると**脱殻**といってキャプシドを脱ぎ捨て，ウイルス核酸が遊離する．ウイル

エンドサイトーシス endocytosis
膜融合 membrane fusion
脱殻 uncoating

エイズ AIDS　**後天性免疫不全症候群** acquired immune deficiency syndrome

ヒト免疫不全ウイルス Human immunodeficiency virus, HIV

レトロウイルス retrovirus

逆転写酵素 reverse transciptase
cDNA 合成や RT‐PCR 反応に利用される.

原形質連絡 plasmodesm(a) (*pl.* -mata)

篩管 sieve tube

がん cancer

がん原遺伝子 proto-oncogene
がん遺伝子 oncogene

ウイルスベクター viral vector

スは宿主細胞の素材とエネルギー，装置を利用して，ウイルス核酸からウイルスの複製と粒子構成に必要なタンパク質などを合成する．ウイルス核酸は自身にコードされている独自の核酸複製酵素によって転写，複製されることが多い．**エイズ**を起こす**ヒト免疫不全ウイルス**などの一本鎖 RNA ウイルスである**レトロウイルス**は，自身の**逆転写酵素**によりウイルス RNA を鋳型に二本鎖 DNA をつくり，それを宿主細胞の DNA に組込む.

　感染細胞内で合成されたウイルス核酸と外被タンパク質などは，細胞質内で自動的に集合してウイルス粒子が組立てられる．ファージなどの場合は，感染細胞の融解によって細胞外へ放出される．細胞表面から出芽する場合は，宿主膜の一部をエンベロープとして獲得する．植物ウイルスでは**原形質連絡**を経由して隣接細胞へ移行し，維管束内の**篩管**によって広範囲に移行する．ウイルスは昆虫などの媒介者によって伝染するほか，飛沫，接触，食物などによって伝染する．ウイルスは宿主細胞の代謝を利用して増殖するので，宿主細胞に害を与えずにウイルスの増殖だけを抑制する治療薬はほとんどない．例外的なものとしてはインフルエンザウイルスがもつ酵素の阻害剤があり，感染初期であれば症状を軽減できる.

　ウイルスが動植物などの宿主に感染すると，さまざまな病気をひき起こすことが多い．悪性腫瘍ともよばれる**がん**は組織の秩序に従って細胞分裂を行う細胞が無秩序に分裂を繰返すようになるものであるが，がんの約15%はウイルス感染によって起こる．たとえば，ヒトT細胞白血病ウイルス1型は成人T細胞白血病，B型肝炎ウイルスとC型肝炎ウイルスは肝がん，ヒトパピローマウイルスは子宮頸がんの引き金になる．最初に発見されたがんウイルスはニワトリに肉腫をつくるラウス肉腫ウイルスであり，この研究により正常細胞がもつ**がん原遺伝子**がわずかな修飾により**がん遺伝子**に変化する機構が明らかになった.

　一方，現在ではレトロウイルス，レンチウイルスなどのウイルスが，遺伝子を体内に導入する**ウイルスベクター**としてヒトの遺伝子治療や iPS 細胞の作成などに利用されるようになった．植物ウイルスベクターを利用した植物個体での医薬品ペプチドの生産も行われている．なお，2002年には米国でポリオウイルスの人工合成が行われた．その後も人工ウイルスあるいは人工変異ウイルスの研究が続いているが，ワクチン開発などに活用できる一方で生物兵器への悪用が危惧される.

　ウイルスの起源については不明であるが，細胞性生物が寄生生活を続けるうちに多くを失って退化したという説のほかに，原始地球で生命が誕生した時期に生まれて細胞性生物と共進化しながら生き続けてきたという考え方がある．また，細胞中の核酸が動き回るようになり，キャプシドを獲得して宿主細胞外でも存在できる形に変化したという説もある．なお，ヒトの遺伝子には進化の過程で数多くのウイルスゲノムが取込まれているが，ウイルス感染による遺伝子の水平伝播が生物の進化に大きな影響を及ぼしたと考える研究者もいる.

12・2　ウイルス様の感染因子

　ウイルスとは異なるが類似した感染因子としては，サテライトウイルス，サテライト核酸，ウイロイド，プリオンなどがある（表12・2）.

表12・2　おもなウイルス様感染因子[†]

ゲノム	科	属	種（和名）
サテライトウイルス			
一本鎖 RNA			ミツバチ麻痺病サテライトウイルス（昆虫）
			タバコえそサテライトウイルス（植物）
サテライト核酸			
一本鎖 DNA：ベータサテライト			タバコ葉巻ベータサテライト（植物）
一本鎖 RNA：小分子線状サテライト RNA			キュウリモザイクウイルスサテライト RNA（植物）
ウイロイド	*Avsunviroidae*	*Avsunviroid*	アボカドサンブロッチウイロイド（植物）
	Pospiviroidae	*Pospiviroid*	ジャガイモやせいもウイロイド（植物）
プリオン			
菌類プリオン			酵母プリオン（菌類）
哺乳類プリオン			BSE（ウシ海綿状脳症）プリオン
			CJD（クロイツフェルト・ヤコブ病）プリオン

[†]　国際ウイルス分類委員会第 9 次報告（2012）に準拠．

　ウイルスは宿主細胞に感染して複製する生命体であるが，**サテライトウイルス**はほかのウイルスに依存して複製を行うウイルスである．たとえば，小球形ウイルス粒子を形成するタバコえそサテライトウイルスは，タバコえそウイルスに感染した細胞内でのみ複製を行う．サテライトウイルスは植物ウイルスを**ヘルパーウイルス**とするものが多いが，昆虫や原生動物のウイルスでも知られている．

　サテライト核酸は感染性の DNA または RNA で，複製にヘルパーウイルスを必要とするものである．タンパク質をコードせず，ヘルパーウイルスの粒子中に取込まれて伝染する．サテライト核酸はヘルパーウイルスの複製量や病原性に影響を与えるものがあり，媒介者による伝染性などを変化させるものもある．

　ウイロイドは単独で維管束植物に感染する 200～400 塩基の一本鎖環状 RNA である．RNA はタンパク質をコードせず，キャプシドはもたない．核内あるいは葉緑体内で，プロモーターを必要とせず，環状に連続的に複製が起こる**ローリングサークル**とよばれる様式により複製される．ジャガイモやせいもウイロイドは，1971 年に米国の植物病理学者**ディーナー**により初めて発見されたウイロイドである．

　プリオンは微小な感染性因子であるが純然たるタンパク質であり，微生物には含まれない．宿主遺伝子がコードする正常型タンパク質の立体構造が変化して病原性を示す異常型プリオンタンパク質になる（図12・4）．異常型タンパク質は正常型タンパク質と接触すると構造を異常型に変えてしまうため，プリオン病に感染すると異常型タンパク質の蓄積が次々と進む．1982 年に米国の生化学者**プルジナー**は，ヒツジの感染症**スクレイピー**が核酸を含まない異常型タンパク質だけで起こることを示した．プリオン病にはスクレイピーのほかに**ウシ海綿状脳症**（狂牛病），ヒトの**クロイツフェルト・ヤコブ病**などがある．プリオンは調理による加熱では不活化されず，狂牛病罹患ウシ肉の摂食による感染が問題になった．プリオンは哺乳類のほか，菌類の酵母にも見つかっている．

サテライトウイルス satellite virus

ヘルパーウイルス helper virus　介助ウイルスともいう．サテライトウイルスやサテライト核酸の複製を介助するウイルス．

サテライト核酸 satellite nucleic acid

ウイロイド viroid

ローリングサークル rolling circle

ディーナー　T. O. Diener (1921–)

プリオン prion

プルジナー S. B. Prusiner (1942–)

スクレイピー scrapie

ウシ海綿状脳症 bovine spongiform encephalopathy, BSE

クロイツフェルト・ヤコブ病 Creutzfeldt-Jakob disease

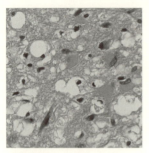

変異型クロイツフェルト・ヤコブ病患者の脳組織の切片．海綿状になり，異常型タンパク質の蓄積が進む．（出典：CDC/Sherif Zaki, Wuu-Ju Shieh）

図 12・4　スクレイピープリオンの正常型 PrP^C（左）と異常型 PrP^{SC}（右）の立体構造　チューブは α ヘリックス構造，矢印は β シート構造を表す．

これらのウイルス様感染因子の特徴は表 12・3 に示した．

表 12・3　ウイルスとウイルス様感染因子の違い

	ウイルス	サテライトウイルス	サテライト核酸	ウイロイド	プリオン
核酸をもつ	+	+	+	+	−
キャプシドをもつ	+	+	−	−	−
タンパク質を合成する	+	+	−	−	−
複製に他のウイルスを必要とする	−	+	+	−	−
熱[†]/タンパク質分解酵素で失活する	+	+	+	−	+
核酸分解酵素で失活する	+	+	+	+	−

[†]　100 ℃，10 分の加熱．

プラスミド plasmid

このほかのウイルス様因子としては，プラスミドとトランスポゾンがある．**プラスミド**は細菌と菌類の細胞内に見つかる感染性の染色体外 DNA で，多くは環状二本鎖構造をとる．プラスミドには薬剤耐性など，宿主の生存に不可欠ではない遺伝子がコードされているものが多い．**トランスポゾン**は**転移因子**ともよばれ，細胞内でゲノム上の位置を移動できる塩基配列であり，真核生物で広くみられる．

トランスポゾン transposon
転移因子 transposable element

まとめ

- ウイルスはきわめて小型の細胞構造をもたない感染性生命体で，DNA か RNA のどちらか一方のみをもち，増殖には生きた生物の細胞内に寄生することが必要な偏性細胞内寄生体である．
- ウイルスはゲノム核酸の種類，粒子形態や遺伝子構造などによって分類される．
- ウイルス粒子は基本的には核タンパク質であり，ゲノム核酸である RNA または DNA がタンパク質のキャプシドに包まれている．
- ウイルス粒子の基本構造は正二十面体からせん形のいずれかである．
- ウイルスの増殖は宿主細胞表面への吸着，細胞内への侵入，脱殻，ウイルス核酸の合成，ウイルス粒子部品の合成，ウイルス粒子の組立て，感染細胞からの放出というプロセスをとる．

- ウイルスが動植物などの宿主に感染すると,さまざまな病気をひき起こす.
- ウイルスは宿主細胞の代謝を利用して増殖するので,ウイルスの増殖だけを抑制する治療薬はほとんどない.
- ウイルス類似の感染因子としては,サテライトウイルス,サテライト核酸,ウイロイド,プリオンなどがある.

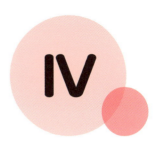

微生物と人間生活

13 病気と食品の腐敗

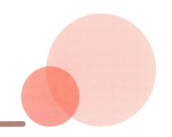

微生物は病気など，人間生活にさまざまな不都合を起こすことがある．微生物によって起こるヒトや動植物の病気，食品の腐敗などの概要をみよう．

13・1 ヒトと動植物の病気

感染症はヒトや動植物などの**病気**のうち，生物性病原が感染して起こるものである．感染症を起こす細菌やウイルスなどの微生物を**病原体**，感染を受ける動植物などを**宿主**という．病原体が宿主に感染して病気を起こすかどうかという病原体と宿主との組合わせは，**宿主寄生者間相互作用**によって決定される．なお，微生物の大半は死んだ生物体に生息していて病原性をもつものはわずかであり，ごく一部だけが特別の能力を獲得して病原体となることに注意する必要がある．ヒト以外の動植物や微生物も，病原体の感染を受けて病気になることがある．植物では菌類による感染症が多く，イネいもち病をはじめとして農業生産の大きな阻害要因になっている．

ヒトの感染症は先進国ではウイルス病が，途上国では細菌病が多い．原生動物やプリオンなどによる病気もある．感染症はもともとはある地域の風土病（**エンデミック**）であることが多いが，より広い地域に広がる流行病（**エピデミック**），さらには世界的流行病（**パンデミック**）になることもある（表13・1）．なお，健康なヒトには感染せず，高齢者や病気のために免疫力が落ちているヒトにだけ感染を起こすことを**日和見感染**という．

エボラ出血熱や**ラッサ熱**，**高病原性鳥インフルエンザ**などのように，これまでほとんど知られていなかったのに最近流行が目立つようになった感染症を**新興感染症**という（表13・2）．これらの急増は，熱帯雨林を中心に生態系の開発が進んだ結果，これまで隔絶していた病原体にヒトが接する機会が増えたためと考えられる．また，結核やマラリア，デング熱などのように，先進国でほぼ制圧されていたのに最近になってまた流行がみられるようになった感染症を**再興感染症**という．これらは世界的に人々の交通や物流がさかんになったことと，薬剤耐性菌の増加などによるとされる．

ヒトや動物の感染症の予防には**ワクチン**接種が有効であるが，ノロウイルスなどのように有効なワクチンが確立されていない感染症も多い．細菌病などの治療には多様な**抗生物質**が開発されて利用されているが，一方で，不適切な使用によって**薬剤耐性**をもった病原体が急増しており，医療現場の重大な問題となっている．

感染症 infectious disease

病気 disease 何らかの刺激が継続的に起こることによる生理的異常で，原因が短時間である**傷害**（損傷）injury とは区別される．

病原体 pathogen

宿主 host

宿主寄生者間相互作用 host-parasite interaction

エンデミック endemic

エピデミック epidemic

パンデミック pandemic

日和見感染 opportunistic infection

エボラ出血熱 Ebola hemorrhagic fever

ラッサ熱 Lassa fever

高病原性鳥インフルエンザ highly pathogenic avian influenza

新興感染症 emerging infectious disease

再興感染症 re-emerging infectious disease

ワクチン vaccine

抗生物質 antibiotics [pl.]

薬剤耐性 drug resistance

表 13・1 おもな世界的流行病

病名	年代	概要
ペスト	6世紀	東ローマ帝国ユスティニアヌス1世の時代に始まり，ヨーロッパ，近東，アジアで約60年間流行が続いた．
ペスト	14世紀	中国からヨーロッパに侵入したペストが急速に広がり，ヨーロッパの人口の1/4以上が失われた．その後17世紀まで，何度も流行が起こっている．
天然痘	15〜16世紀	ヨーロッパ人によって中南米に持ち込まれ，猛威をふるった．特にメキシコでは人口が1/6に激減した．
天然痘	18世紀	ヨーロッパで毎年40万人が死亡し，多くの失明者を残した．北米では先住民に対する生物兵器として使用された．
コレラ	19〜21世紀	インドガンジス川デルタ地帯の風土病であったが，交通手段の発達により，世界規模で感染が拡大した．1817年に始まった第一次流行以来，7回の流行が繰返された．
結核	18〜19世紀	産業革命の結果都市住民が急増したヨーロッパで大流行し，人口の1/4が失われた．
スペイン風邪	1918〜1919	米国から始まったA型インフルエンザ（H1N1）の流行が全世界に広まり，死者数は第一次大戦の死者数をはるかに上回り，4000〜5000万人が死亡した．
アジア風邪	1957	A型インフルエンザ（H2N2）が中国から全世界に広まった．
香港風邪	1968	A型インフルエンザ（H3N2）が世界的に流行した．

エボラウイルス（出典：CDC/Cynthia Goldsmith）

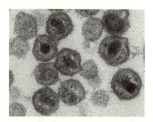

HIV（出典：CDC/Maureen Metcalfe, Tom Hodge）

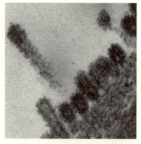

高病原性鳥インフルエンザウイルス．繊維芽細胞の表面から出芽している．（出典：農業・食品産業技術総合研究機構ホームページ）

表 13・2 おもな新興感染症

病名	発生年	概要
マールブルグ病	1967	旧西ドイツ，旧ユーゴスラビアでワクチン研究用のウガンダ産アフリカミドリザルに接触した研究員などに出血熱が発生し，死者が出た．マールブルグウイルスによるもので，その後もケニアやアンゴラなどで発生している．
ラッサ熱	1969	西アフリカで発生．野ネズミから伝染するラッサウイルスによる出血熱．
エボラ出血熱	1976	ザイールで発生したエボラウイルスによる出血熱で，25〜90％と死亡率が高い．これまでに5種が見つかっている．おもに中央アフリカで発生．2014〜15年には西アフリカでも流行し，1万人以上が死亡している．
エイズ（後天性免疫不全症候群）	1981	米国で初めて症例が報告された．ヒト免疫不全ウイルス（HIV）が性的接触，血液製剤などによって伝染する感染症で，全身的な免疫不全を起こし，日和見感染や悪性腫瘍を起こす．
腸管出血性大腸菌感染症	1982	ベロ毒素産生大腸菌による腸管感染症で，米国でハンバーガーによる集団食中毒事件が起こり，原因菌が見つかった．わずかな菌数の摂食により激しい下痢などを起こす．その後世界各地で発生し，日本でも1990年以降全国で集団食中毒が起こっている．
高病原性鳥インフルエンザ	1997	香港のニワトリで流行していた高い病原性を示すA型インフルエンザウイルス（H5N1）で，ヒトへの感染が認められた初めての例とされる．ヒトからヒトへ伝染できるように変異して世界的流行が起こることが危惧される．
ニパウイルス感染症	1998	マレーシアで発生したブタからヒトへ伝染する脳炎で，死亡率が高い．
SARS（重症急性呼吸器症候群）	2002	中国南部で流行を始めたコロナウイルスによる呼吸器感染症で，東アジアを中心に8000人以上の感染者があった．

ヒトのおもな感染症を表13・3にまとめた．日本では感染症法により，感染力と重症度などに応じて1～5類感染症に分類されている．ヒトの感染症の感染経路はさまざまであるが，経口，経気道，経皮，泌尿生殖器などに分けることができる．

表13・3 ヒトのおもな感染症とその病原体

感染経路		感染症［病原体］
経口	食物	腸炎ビブリオ症［*Vibrio parahaemolyticus*］，カンピロバクター症［*Campylobacter jejuni/coli*］，サルモネラ症［*Salmonella enterica* serovar Enteritidis］，腸管出血性大腸菌感染症［*Escherichia coli*］，ノロウイルス症［ノロウイルス］，ボツリヌス症［*Clostridium boturinum*］，ウシ海綿状脳症（BSE）［プリオン］
	飲料水など	腸チフス［*Salmonella enterica* serovar Typhi］，コレラ［*Vibrio cholerae*］，細菌性赤痢［*Shigella* 属菌］，アメーバ赤痢［*Entamoeba histolytica*］，ポリオ（急性灰白髄炎）［ポリオウイルス］
経気道	飛沫	かぜ［ライノウイルス，アデノウイルスなど］，インフルエンザ［インフルエンザウイルス］，百日咳［*Bordetella pertussis*］，ジフテリア［*Corynebacterium diphtheriae*］，肺炎［*Streptococcus pneumoniae*，*Mycoplasma pneumoniae* など］，風疹［風疹ウイルス］，天然痘（痘瘡）［痘瘡ウイルス］
	空気	麻疹（はしか）［麻疹ウイルス］，結核［*Mycobacterium tuberoculosis*］
経皮	接触	トラコーマ［*Chlamydia trachomatis*］，ハンセン病［*Mycobacterium leprae*］，エボラ出血熱［エボラウイルス］，ラッサ熱［ラッサウイルス］
	傷口	炭疽病［*Bacillus anthracis*］，破傷風［*Clostridium tetani*］
泌尿生殖器	性行為など	性器クラミジア感染症［*Chlamydia trachomatis*］，淋病［*Neisseria gonorrhoeae*］，膣トリコモナス症［*Trichomonas vaginalis*］，梅毒［*Treponema pallidum*］，エイズ（後天性免疫不全症候群）［ヒト免疫不全ウイルス］，子宮頸がん［ヒトパピローマウイルス］
	母子感染	梅毒，B型肝炎［B型肝炎ウイルス］
動物媒介	節足動物	ペスト［*Yersinia pestis*］，発疹チフス［*Rickettsia prowazekii*］，マラリア［*Plasmodium falciparum* など］，黄熱病［黄熱ウイルス］，日本脳炎［日本脳炎ウイルス］，デング熱［デングウイルス］，アフリカ睡眠病［*Trypanosoma brucei*］
	脊椎動物	狂犬病［狂犬病ウイルス］，オウム病［*Chlamydia psittaci*］
医原性	血液製剤，硬膜移植など	C型肝炎［C型肝炎ウイルス］，B型肝炎，エイズ，クロイツフェルト・ヤコブ病［プリオン］

経口感染症

経口による感染症は，食物と水による．

食物感染は**食中毒**ともよばれる食物を媒介物とする健康被害であり，腸炎や下痢などを起こす．食中毒の原因には細菌やウイルスが多い．一般に食品には病原体を含む微生物がある程度付着あるいは混入しているが，健康なヒトはそれらを胃酸などによって分解するので食中毒に至る確率は低い．ただし，制酸剤を含む胃薬を服用すると胃酸の分泌が抑制されるため，病原体の分解も抑制される．食中毒は経口摂取した病原体が体内で増殖して病原性を示す感染型食中毒と体内で微生物が生産した毒素による毒素型食中毒とに大別できるが，中間的なものもある．

日本における感染型食中毒は，以前は**腸炎ビブリオ**に汚染された魚介類による腸炎ビブリオ症が目立ったが，近年は**カンピロバクター**に汚染された牛，豚，鶏の生肉によるカンピロバクター症と**サルモネラ菌**汚染鶏卵や鶏肉によるサルモネラ症が多くなった．ウシ由来の**腸管出血性大腸菌**による集団食中毒も発生している．1996

食中毒 food poisoning 食品が媒介しない消化器系感染症や原虫病，寄生虫病は食中毒とは区別して扱われる．

腸炎ビブリオ *Vibrio parahaemolyticus*

カンピロバクター *Campylobacter jejuni/coli*

サルモネラ菌 *Salmonella enterica*

腸管出血性大腸菌 enterohemorrhagic *Escherichia coli*, EHEC

ノロウイルス *Norovirus*

年には45都道府県で，合わせると9000人を超える集団食中毒が起こった．最近はおもに冬季に，ノロウイルスによる嘔吐下痢症が頻発している．ノロウイルスの宿主はヒトだけで，下水処理場でも不活化されずに海に至り，カキなどの二枚貝類の中で濃縮される．乾燥にも強く，汚物からのほこりが舞い上がって経口感染する場合もある．培養系が確立しておらず，治療は対症療法となる．

黄色ブドウ球菌 *Staphylococcus aureus*

エンテロトキシン enterotoxin 細菌が産生するタンパク質毒素のうち，腸管に作用して生体に異常反応をひき起こす毒素の総称．

ボツリヌス菌 *Clostridium botulinum*

毒素型食中毒では，**黄色ブドウ球菌**が生産する**エンテロトキシン**による中毒が多い．この毒素はタンパク質性で黄色ブドウ球菌が体外に放出するが，120℃，20分の加熱でも毒性が失われず，酸やアルカリにも安定である．黄色ブドウ球菌はヒトの皮膚や鼻腔内に常在していて，おにぎりや乳製品などを汚染することが多い．2000年には加工乳による食中毒が関西を中心に起こり，14,000人以上が被害を訴えた．**ボツリヌス菌**は偏性嫌気性菌で世界中に分布し，感染は土壌中の芽胞による．ボツリヌス毒素は神経毒で熱分解されやすいが，自然界で最も強力な毒素の一つとされ，高い死亡率を示す．発生はソーセージや缶詰，レトルト食品，"なれずし"などの保存食による．ハチミツにはボツリヌス菌芽胞の混入のおそれがあり，通常は摂取してもそのまま排出されるが，1歳未満の乳児が摂食すると乳児ボツリヌス症を起こすことがある．

なお，微生物の感染以外の原因で起こる食中毒には，化学物質や自然毒によるものがある．常温保管したマグロやカツオなどを材料として製造された缶詰には高濃度のヒスタミンが含まれ，アレルギー様中毒を起こすことがある．

フグ毒 fugu toxin
貝毒 shellfish poison
マイコトキシン mycotoxin
テトロドトキシン tetrodotoxin

フグ毒や**貝毒**，キノコ毒，菌類が生産する**マイコトキシン**などの自然毒による中毒もある．フグ毒の主体は**テトロドトキシン**で，この毒素を生産するガンマプロテオバクテリアの *Alteromonas* 属，*Pseudomonas* 属，*Shewanella* 属，*Vibrio* 属などが付着した海草などを微小動物が食べ，食物連鎖によりフグなどに蓄積される．フグなどの生物は毒素の無毒化機構を備えている．貝毒はシアノバクテリア類の *Anabaena* 属，渦鞭毛藻類の *Alexandrium* 属，*Dinophysis* 属などが生産する毒素が貝類に蓄積したものである．マイコトキシンは菌類が生産するヒトや家畜などに毒性を示す物質で，カビ毒ともいう．ピーナツなどに発生する *Aspergillus flavus* がつくる**アフラトキシン**は発がん性がきわめて高い．

アフラトキシン aflatoxin B_1

コレラ菌 *Vibrio cholerae*

水による経口感染症には，コレラ，赤痢，ポリオなどがある．おもに保因者の糞便に汚染された飲料水によって感染する．上水道の整備が遅れている途上国では現在でも発生が多い．コレラはコレラ毒素を産出する**コレラ菌**によりひき起こされる．19世紀のロンドンではテムズ川の河川水を用いた水道によりコレラが何度も流行し，公衆衛生による対応が始まった．その後，上水道の塩素消毒が行われるようになると，先進国における細菌性感染症は激減した．赤痢には，**赤痢菌**によって起こる細菌性赤痢と**赤痢アメーバ**によって起こるアメーバ赤痢とがある．赤痢菌はガンマプロテオバクテリアの *Shigella* 属菌の総称で，*S. dycenteriae*（志賀赤痢菌）など4種ある．*Shigella* 属は分子系統解析では大腸菌と同種と考えられるが，臨床上の重要性から別種として扱われる．ポリオ（急性灰白髄炎）は患者の糞便に含まれる**ポリオウイルス**によって起こる感染症で，飲料水などが原因になることが多い．感染してもほとんどは無症状でかぜ様症状を起こすこともあるが，まれに脊髄神経を破壊して麻痺が残ることがある．日本を含む西太平洋地域では2000年に根

赤痢菌 dysentery bacillus (*pl.* -lli)
赤痢アメーバ *Entamoeba histolytica*

ポリオウイルス *Poliovirus*

絶されたが，現在でもアフガニスタン，パキスタン，ナイジェリアでは発生が多い．原虫の**クリプトスポリジウム**が飲料水を介して感染するクリプトスポリジウム症も重要で，先進国においても集団的な水様性下痢を起こすことがある．

クリプトスポリジウム *Cryptosporidium hominis*

経気道感染症

　ヒトからヒトに伝染するものには経気道感染症が多い．くしゃみなどの**飛沫**によって短距離間でのみ感染する飛沫感染と，乾燥に強い病原体が微小な**飛沫核**や埃とともに空気中を漂って感染する空気感染とに分けられる．

　飛沫感染する感染症としては，**ライノウイルス**や**アデノウイルス**などによるいわゆるかぜのほかに，インフルエンザ，風疹，天然痘などがある．第一次大戦時のヨーロッパでは，**A型インフルエンザウイルス**による死者数が戦闘による死者数を上回った．**風疹ウイルス**は妊婦が妊娠初期に感染すると，90％の胎児に心奇形や難聴，白内障などの傷害が起こる．天然痘は**痘瘡ウイルス**による古代から世界各地で流行した致死率が高い感染症である．紀元前1145年に没したエジプト王朝のラムセス5世のミイラには天然痘の痘瘡がある．天然痘の起源地は北インドと推定されていて，日本へはシルクロード経由で仏教伝来と同時期に伝播したらしい．1977年のソマリアでの発生が最後で，1980年にWHO（世界保健機関）により根絶が宣言された．

　空気感染する感染症の代表は麻疹（はしか）と結核である．麻疹は**麻疹ウイルス**による感染性が強い子供の病気であるが，免疫がないと脳炎や肺炎を起こすことがある．**結核菌**は感染力は比較的弱いが，呼吸器のほか神経や骨などにも感染することがある．症状が現れない感染者が多く，日本では最近まで感染者，死亡者とも多かったが，徹底的な予防接種が行われるようになり，患者数は激減した．

飛沫 droplet　直径が5〜10 μm 以上の小滴をいう．

飛沫核 droplet nuclei [*pl.*]　おおむね5 μm以下の小滴をいう．

ライノウイルス *Rhinovirus*

アデノウイルス adenovirus, *Adenoviridae*

A型インフルエンザウイルス *Influenza A virus*

風疹ウイルス *Rubella virus*

痘瘡ウイルス smallpox virus, *Variola virus*

麻疹ウイルス *Measles virus*

結核菌 *Mycobacterium tuberculosis*

経皮感染症

　経皮感染症には，おもに接触によって感染するものと傷口から感染するものとがある．**トラコーマクラミジア**は結膜炎を起こすが，失明に至る場合もある．先進国ではほとんどみられなくなったが，母から子への母子感染も起こる．炭疽病はウシやヒツジなどからヒトへ傷口から感染する人獣共通感染症である．**炭疽菌**は土壌に生息し，芽胞を形成するので，生物兵器あるいはバイオテロへの利用が危惧されている．**破傷風菌**も芽胞形成土壌菌で，人獣共通感染症である**破傷風**を起こす．いずれもヒトからヒトへは感染しない．

トラコーマクラミジア *Chlamydia trachomatis*

炭疽菌 *Bacillus anthracis*

破傷風菌 *Clostridium tetani*

泌尿生殖器感染症

　性感染症（STD）は性的接触により粘膜を介して感染するもので，エイズ，子宮頸がん，B型肝炎などがある．STDはヒト特有の感染症で，多くは母から子へも母子感染する．日本では女性の患者数が特に増加しており，感染者の若年齢化も進んでいる．エイズはサハラ以南のアフリカで特に多く，平均寿命の低下をもたらしている．原因となる**ヒト免疫不全ウイルス**はカメルーンのチンパンジー起源ではないかと考えられている．日本のエイズ感染者数は世界的には低い水準にあるが，先進国の中では唯一増加を続けている．子宮頸がんは女性の子宮頸部に発生する

性感染症 sexually transmitted disease，STD

エイズ AIDS　後天性免疫不全症候群 acquired immune deficiency syndrome

ヒト免疫不全ウイルス *Human immunodeficiency virus*, HIV

STDで，ヒトパピローマウイルスの感染により比較的若い世代で発症する．日本でもヒトパピローマウイルスの約半数の型による感染を予防できるワクチン接種が始まったが，それによる副作用の可能性も報告されている．**B型肝炎ウイルス**は性行為のほか，母子感染もする．1948～1988年までの幼児期の集団予防接種における注射器の使い回しにより感染が拡大したが，現在は少なくなった．

ヒトパピローマウイルス
Human papillomavirus, HPV

B型肝炎ウイルス Hepatitis B virus, HBV

動物媒介感染症

昆虫や節足動物が媒介する感染症も多い．ペストはネズミなどの齧歯類の病気で，**ペスト菌**がノミを介してヒトに感染する．もともとは中国の風土病で，シルクロードを経由して中世ヨーロッパで大流行を繰返した．現在でも米国を含む広い地域で発生が続いている．マラリアは熱帯から亜熱帯地域に広く発生するハマダラカが**マラリア原虫**を伝搬する感染症である．最近は耐性をもつ原虫が増加している．アフリカのマラリア流行地域には遺伝性の貧血症である鎌状赤血球症の患者が多いが，赤血球の酸素運搬能力が低下する鎌状赤血球ではマラリア原虫が増殖できずマラリアの発症が抑えられるためとされる．日本脳炎はコガタアカイエカが**日本脳炎ウイルス**を媒介し，インドから日本にかけて発生する．熱帯地域で広く発生するデング熱も蚊が**デングウイルス**を媒介する．日本では第二次大戦後の発生はなかったが2014年に東京などで発生が認められた．黄熱病も蚊が**黄熱ウイルス**を媒介する熱帯アフリカと中南米の風土病である．アフリカ睡眠病はツェツェバエが**トリパノソーマ原虫**を媒介するサハラ以南の感染症である．

ペスト菌 Yersinia pestis

マラリア原虫 Plasmodium spp.

日本脳炎ウイルス Japanese encephalitis virus

デングウイルス Dengue virus
黄熱ウイルス Yellow fever virus

トリパノソーマ原虫 Trypanosoma brucei

人獣共通感染症 zoonosis
狂犬病ウイルス Rabies virus

人獣共通感染症はヒトと家畜や野生動物などに共通に発生する感染症である．狂犬病は**狂犬病ウイルス**がイヌやアライグマ，キツネ，コウモリなどに感染し，感染した動物にかまれると感染する．致死率はほぼ100％であるが，かまれた場合でも直後にワクチン接種を受けることができれば発症を阻止できる．狂犬病が発生していない地域は日本などごくわずかなので，海外ではイヌにかまれないように注意する必要がある．オウム病はオウム・インコ類から感染した**オウム病クラミジア**により肺炎などを起こすが，妊婦が感染すると早産や流産を起こすことがある．

オウム病クラミジア Chlamydia psittaci

医原性感染症

医療行為により感染する病気もある．C型肝炎は**C型肝炎ウイルス**が輸血のほか，注射器の使い回しなどによって感染し，日本でも感染者が多い．出産や手術の際に使用された止血用非加熱血液製剤で感染した患者も多い．エイズも血友病患者に使用された血液凝固因子製剤による感染が問題になった．また，脳外科手術の際に**プリオン**感染死者から摘出された乾燥硬膜を移植され，クロイツフェルト・ヤコブ病を発症して死亡した患者も多い．

C型肝炎ウイルス Hepatitis C virus, HCV

プリオン prion

13・2 食品の腐敗と生物劣化

微生物活動が人間生活に及ぼす不都合は，病気だけではない．次に，食品の腐敗とその防止，そして，食以外の人間生活に影響を及ぼす生物劣化についてみることにしよう．

食品の腐敗

　食品のほとんどは微生物にとっても絶好の生育環境であるから，微生物の生育を阻止しないかぎり食品は変質する．食品が微生物によって分解され，食用に適さない状態になることを広く腐敗とよぶ．**腐敗**とは，食品中のタンパク質などが微生物活動による分解を受けて，硫化水素やアンモニアなどを生じて，形，色，味などが変化し，毒素が生成されたり悪臭を発するようになる現象をいう．**発酵**も腐敗と同様の微生物による分解作用であるが，一般には食品中の糖類などが分解されてアルコールや乳酸などの有用物質を生成する過程を発酵といい，不都合な物質を生成するものを腐敗とよぶ．

　食品の保存性には，食品自身の自己消化も関係する．**自己消化**とは，食品のタンパク質などが組織中の消化酵素や加水分解酵素の作用によって微生物活動によらずに分解される現象である．牛肉が時間が経つにつれて軟らかくなったり果物が熟すのは，自己消化による．自己消化が進むと食品は腐敗しやすくなるが，食品の保存性は自己消化にかかわる酵素，水分，成分組織などに依存する．一般に水分が多いものは腐敗しやすい．栄養器官である葉や筋肉は水分が多くて腐敗しやすいが，増殖器官である穀類や卵は固い殻で覆われていることが多くて腐敗しにくい．

　腐敗のしやすさは食品群によって異なる．穀類は乾燥して固いため，腐敗しにくい．特に米は温湿度が管理されて保蔵されているので，通常は微生物汚染は受けない．健全な家畜は筋肉などの組織内には微生物は分布しないが，屠殺，食肉加工，貯蔵，流通の過程で微生物汚染を受けるので，食肉類にはかなりの微生物が存在している．家畜の屠殺は絶食後に，食肉の保存性を考慮して行われる．加熱食肉製品でもバチルス（*Bacillus* 属）などの芽胞形成菌が混入することがあり，長期間の保存はできない．一方，魚介類は畜肉よりも筋肉の構造がもろく水分含量が高いため，腐敗しやすい．また，内臓の分離が不十分なために，微生物汚染の機会が多い．特にサバやカツオなどの赤身の魚は，タイやヒラメなどの白身の魚に比べて自己消化しやすく，遊離アミノ酸が多いために腐敗しやすい．加熱した水産加工品も芽胞形成菌を完全に殺菌できないため，腐敗は避けられない．牛乳は脂肪やタンパク質などの栄養分に富んだ中性の液体で，微生物汚染を受けやすい．市販の牛乳には殺菌できなかった微生物が含まれているので冷蔵庫中でも徐々に変質し，室温に置くと酸敗して凝固する．健全な鶏が産んだ鶏卵は無菌である．しかし，世界的にはサルモネラ（*Salmonella* 属）菌を保菌した採卵鶏が使われているので，低頻度ではあるが汚染鶏卵が流通している．

食品の保蔵

　食品の保蔵には適切な滅菌が必要である．食品の滅菌はおもに加熱によって行われる．微生物の多くは 60〜70 ℃，30 分の加熱によって死滅するので，調理によって危険性を軽減できる．ただし，このような加熱では芽胞形成菌は死滅しないので，缶詰やレトルト食品などの製造段階では高温高圧の滅菌が行われる．牛乳については通常は 120〜135 ℃で 1〜3 秒の**超高温瞬間殺菌**が行われるが，より高温で殺菌して気密性の高い容器に無菌充填したロングライフ牛乳は常温保存できる．63〜65 ℃で 30 分間**低温長時間殺菌**される低温殺菌牛乳はタンパク質の変性が少な

腐敗 putrefaction　食品が微生物活動により変質することを**変敗** spoilage，食品が酸化することを**酸敗** acidification ともいう．

発酵 fermentation

自己消化 autolysis

滅菌 sterilization

超高温瞬間殺菌 ultra-high-temperature sterilization, UHT

低温長時間殺菌 low-temperature long-time sterilization, LTLT そもそもはパスツールがワインの消毒に用いた方法なので，**低温殺菌** pasteurization をパスツーリゼーションともよぶ．

紫外線 ultraviolet, UV	
γ線 gamma ray	

いために濃厚な風味が残るが，消費期限は短くなる．**紫外線**による滅菌は透過性が高くないため，食品自体ではなく食品工場の内部環境の表面消毒に利用される．**γ線**滅菌は効果が高いが，日本では食品についてはジャガイモの発芽防止以外には認められていない．

§5・2で示したように，微生物の生育にはそれぞれに適した温度や湿度などの環境条件がある．そこで，これらを考慮して微生物抑制を行うことにより，食品を衛生的に保蔵できる．

冷蔵 refrigeration	
冷凍 freezing	

0〜15℃の低温条件ではほとんど微生物の生育は抑えられるので，**冷蔵**は食品の保蔵や流通に最も広く用いられる．ただし，冷蔵庫内の低温条件でも低温菌による分解が起こるので，保存期間には限度がある．食品を**冷凍**して−18℃以下に保つと，微生物の活動を抑えることができるので長期間保存できる．冷凍は急速に行うと，食品の組織の損傷が少なくなる．解凍後は微生物が急速に増加するので注意が必要である．

乾物 dry foods	
塩漬け salting 食塩による浸透圧のほかに Cl^- も微生物の抑制に関与するとされる．	
砂糖漬け sugaring	
凍結乾燥 freeze-drying	
CA貯蔵 controlled atmosphere storage	
脱酸素剤 oxygen scavengers, oxygen absorbers	
食品添加物 food additive	
保存料 preservative	

微生物は水分が少ない条件では生育できないので，**乾物**にすると腐敗しやすい食品も長期間保存できる．乾麺，かつお節，するめ，煮干し，かんぴょう，切干し大根など，日干しによる乾燥食品は古くから利用されてきた．**塩漬け**も塩辛や漬け物などとして広く行われてきた．果物などの**砂糖漬け**も水分含量を低下させる保存法である．**凍結乾燥**は，食品を−20℃以下に急速に冷凍してから減圧して乾燥させる優れた保蔵法である．また，**CA貯蔵**は果実や野菜，鶏卵などの呼吸作用を続ける食品の保蔵法で，酸素濃度を低下させるか二酸化炭素あるいは窒素ガスを充填して微生物活動を抑制する．**脱酸素剤**によって密閉容器中の酸素を除いて微生物の生育を抑制する方法もあり，これには金属酸化鉄などが利用されている．また，**食品添加物**のうちの**保存料**には品質保持期間を延長するために微生物の増殖を抑制するものがあり，日本では安息香酸やソルビン酸などが用いられている．

HACCP Hazard Analysis and Critical Control Point 危害分析重要管理点方式．ハサップまたはハセップと読む．	

大規模な食中毒の発生などを契機として，日本の食品会社でも米国やEUで取入れられている**HACCP**による衛生管理をとるところが増えてきた．これは食品製造の原料入荷から出荷までのすべての段階に潜む危害をあらかじめ予測して，それらを防止するための重要管理点を特定し，そのポイントを継続的に管理し，記録することによって製品の安全性を確保する方法である．

消費期限 use by date 消費期限を越えた食品の摂食は食中毒などになる危険が大きい．	
賞味期限 best before date	

日本では食品に対しては消費期限あるいは賞味期限が定められている．**消費期限**は精肉や刺身など短期間のうちに変質する可能性のあるものを対象とし，安全に摂食できる期間を示す．一方，**賞味期限**は比較的保存期間が長い加工食品に用いられるもので，製造者が品質と味，香りなどを保証する期間である．賞味期限後も品質に急激な劣化が起こらない場合が多く，賞味期限を過ぎた後も摂食できないわけではないが，開封後は短期間のうちに消費する必要がある．また，常温で保存する砂糖，塩，チューインガムやアイスクリーム類など長期間保存できるものでは省略される．

生物劣化

ヒトや動植物の病気などのほかに，微生物活動が人間生活に必要な物資の性質に有害な変化を及ぼすことがある．これを**生物劣化**とよぶ．

生物劣化 biodeterioration	

カメラなどの光学機器のレンズには好浸透圧菌の子嚢菌類コウジカビ（*Aspergillus* 属）が発生して，ガラス表面を曇らせたり着色したりする．アルミ合金などはクラドスポリウム（*Cladosporium* 属）などの菌類や細菌による侵害を受ける．鉄や銅も鉄細菌や硫黄細菌などによって腐食する．ジェット機のアルミ合金が菌類に侵され，燃料タンクが損傷を受けることもある．水道用の鋼管なども鉄細菌などの侵害によって腐食が進む．

家電製品などでは塗料やプラスチック類に含まれる乳化剤や界面活性剤，可塑剤などが微生物に侵害される．塩化ビニル被覆電線には菌類が発生しやすい．電気機器のプリント基板などでも菌類が発生して絶縁性が低下し，火災などの原因になることがある．ゴム，繊維，皮革，紙，木材なども微生物の栄養源になる．コンクリート，モルタル，石膏ボードなども菌類の侵害を受ける．マンションなどでは浴室や結露しやすい壁面などに菌類が発生する．なお，水回りのプラスチック用品では，微生物の増殖を防止するために製造時にTBZ（チアベンダゾール）などの抗菌剤が添加されていることが多い．

カンボジアのアンコールワット遺跡などでは石材の崩壊が続いているが，微生物による侵害も原因の一つである．硫酸還元細菌によって熱帯土壌から生成された硫化物が建材表面で硫黄酸化細菌によって硫酸になり，それが石材を劣化させている．

✿ ま と め

- 感染症はヒトや動植物などの病気のうち，病原体が感染して起こるものである．
- 感染症を起こす細菌やウイルスなどの微生物を病原体，感染を受ける動植物などを宿主という．
- 感染症はある地域の風土病であることが多いが，広い地域に広がる流行病，世界的流行病になることもある．
- エボラ出血熱などのように，最近流行が起こるようになった感染症を新興感染症という．
- 結核などのように，ほぼ制圧されていたのにまた流行がみられるようになった感染症を再興感染症という．
- 感染症の予防にはワクチン接種が，細菌病などの治療には抗生物質などが使われる．
- 経口感染症は食物と水によるもので，各種の食中毒やコレラなどがある．
- 経気道感染症は飛沫などによって伝染するもので，インフルエンザや結核などがある．
- 経皮感染症は接触によって感染するもので，破傷風などがある．
- 泌尿生殖器感染症の多くは性感染症で，母子感染もある．
- 動物媒介感染症にはペスト，マラリア，日本脳炎などがある．
- 人獣共通感染症は人と動物に共通して感染するもので，狂犬病などがある．
- C型肝炎など医療行為によって感染する医原性感染症もある．

- 食品が微生物によって分解され，食用に適しない状態になることを広く腐敗とよぶ．
- 微生物の生育に必要な環境条件を排除することにより，食品を衛生的に保蔵できる．
- 微生物活動が人間生活に必要な物質の性質に有害な変化を及ぼすことを生物劣化とよぶ．

14 発酵と産業利用

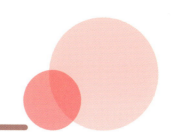

人類は古代から微生物活動を利用して酒類をはじめとする発酵食品をつくってきた．微生物は現在では多くの製造業や医療でも利用されている．伝統的な微生物利用と微生物利用技術の概要をみよう．

14・1 伝統的な微生物利用

　人類は微生物の本体を知るはるか以前の古代から，微生物の働きを利用して酒類や乳製品，調味料などの発酵食品をつくり続けてきた．まず，伝統的な微生物利用について学ぼう．

　伝統的な発酵食品の製造にかかわる微生物には乳酸菌や酵母のように世界中で共通に使われるものもあるが，菌類については地域ごとに特徴がある．日本では清酒，味噌，醬油，かつお節などの製造に，おもに子囊菌類のコウジカビ（*Aspergillus* 属）が使われる．日本以外の東アジアから東南アジア，ヒマラヤ地方などでは，おもにケカビ類のケカビ（*Mucor* 属）やクモノスカビ（*Rhizopus* 属）が使われる．西洋では菌類の利用はわずかで，子囊菌類のアオカビ（*Penicillium* 属）がチーズの熟成に利用される程度である．

酒　類

　酒類は古代から世界の各地でつくられてきたが，製造法によって大別すると醸造酒，蒸留酒，混成酒の三つに分けられる．

　醸造酒は，原料あるいはそれを糖化させたものを発酵させた酒類である．醸造酒はさらに，ワインなどのように果汁原料に含まれる単糖や二糖などの糖類を直接アルコール発酵させた単発酵酒と，デンプンなどの多糖類を分解する糖化の工程も行う複発酵酒とに分かれる．この複発酵酒には，ビールなどのように糖化の工程が終わってからアルコール発酵を行う単行複発酵酒と，清酒（日本酒）などのように糖化と発酵とを同時に行う並行複発酵酒とがある．糖化の工程には西洋ではおもに**麦芽**を，東洋では穀類に菌類を繁殖させた**麹**を使う．**蒸留酒**は醸造酒を蒸留してアルコール分を高めた酒類である．一般的には熟成前のワインを蒸留したものがブランデー，ビールの仕込み液を蒸留したものがウイスキー，清酒を蒸留したものが米焼酎に相当する．また，**混成酒**は醸造酒や蒸留酒に他の原料により香りや味を付け，糖や色素を加えてつくった酒類である（表 14・1）．

　次に，代表的な醸造酒として，ワイン，ビール，清酒の製造工程をみることにしよう．

醸造酒 fermented alcoholic beverages

麦芽 malt
麹 koji
蒸留酒 distilled alcoholic beverages

混成酒 compounded alcoholic beverages

表 14・1　おもな酒類と発酵に使われる微生物

種類	発酵方式	分類	主原料	微生物
醸造酒	単発酵	ワイン	ブドウ果実	*Saccharomyces cerevisiae*, *Oenococcus* 属, *S. bayanus*, *Lactobacillus* 属, *Leuconostoc* 属, *Botrytis cinera*（貴腐ワイン）
	単行複発酵	ビール	大麦, 麦芽, ホップ	上面発酵酵母（*S. cerevisiae*） 下面発酵酵母（*S. pastrianus*）
	並行複発酵	清酒	米, 米麴	*Aspergillus oryzae*, *S. cerevisiae*, *Pseudomonas* 属, *Leuconostoc mesenteroides*, *Lactobacillus sakei*
		紹興酒	米, 穀類, モチ麴	*Mucor* 属, *Rhizopus* 属
蒸留酒	単発酵	ブランデー	ブドウ果実	*Saccharomyces* 属
		ラム	サトウキビ（糖蜜）	*Saccharomyces* 属, *Shizosaccharomyces* 属, *Torula* 属
		テキーラ	リュウゼツランの茎	*Zymomonas mobilis*
	単行複発酵	ウイスキー	大麦（トウモロコシ, ライ麦）, 麦芽	*S. cerevisiae*, *Lactobacillus casei*, *L. fermentum*, *L. acidophilus*
	並行複発酵	泡盛	タイ米, 米麴	*Aspergillus awamori*, *S. cerevisiae*
		焼酎	サツマイモ（米, 麦など）, 米麴	*Aspergillus kawachii*, *S. cerevisiae*
		白酒（ぱいちゅう）	高粱（こうりゃん）, 米, 小麦など, モチ麴	*Saccharomyces* 属, *Pichia* 属
混成酒	なし	みりん	モチ米, 米麴, 焼酎	*Aspergillus oryzae*
		紅酒（あんちゅう）	米, 紅麴（べいちゅう）, 米酒（蒸留酒）	*Monascus* 属

ワイン wine

単発酵酒である**ワイン**は, ブドウ果実を原料とし, 果汁中の糖類を子囊菌類の酵母 *Saccharomyces cerevisiae* により発酵させたものである. 赤ワインは赤色あるいは赤紫色のブドウ品種を用い, 果皮や種子を含んだ果汁をそのまま発酵させるので色素とタンニンなどを含む. 白ワインはおもに緑色品種の果汁のみを発酵させるため, 渋味が少ない. ワインの醸造では酵母以外の雑菌の繁殖と酸化を防ぐために, 通常はピロ亜硫酸カリウム（$K_2S_2O_5$）を添加する. 主発酵は赤ワインでは20〜25℃で7〜10日, 白ワインでは15℃で約3週間行う. 発酵の結果できた**もろみ**

もろみ moromi

（醪）には酵母や酒石などの固形物が含まれるため, これらを清澄・沪過した後に樽貯蔵し, その後瓶詰めして熟成させる. 現在では通常, 加熱殺菌は行わない（図14・1）.

ビール beer

単行複発酵酒である**ビール**の製造では, まず, 大麦を発芽させた麦芽のアミラーゼによって麦芽のデンプンを加水分解して糖化する. 日本では米やコーンスターチ

麴（こうじ）

本来の表記は"麴". 日本の清酒や味噌, 醬油などで使用する麴は米麴, 撒麴（ばらこうじ）ともよばれ, 蒸した米をほぐしてキコウジカビ（ニホンコウジカビ *Aspergillus oryzae*）などを繁殖させたものである. 泡盛の醸造にはアワモリコウジカビ *A. awamori*, 焼酎の醸造にはカワチコウジカビ *A. kawachii* を使う（どちらも現在の学名は *A. luchuensis* である.）. 台湾の紅酒などでは, 蒸したモチ米に担子菌類のベニコウジカビ *Monascus* 属を繁殖させた紅麴を利用する. 一方, 中国や朝鮮半島のほとんどの地域では, 粉にした穀類を水で練ってれんが状に固めたものに *Mucor* 属菌や *Rhizopus* 属菌などを繁殖させたモチ麴を使う点が異なる.

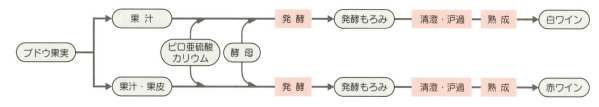

図 14・1　白ワインと赤ワインの製造工程

などの副原料を加えることが多い．糖化が終わると，雑菌を抑えてほろ苦い風味を付けるためにホップの雌花（毬花(きゅうか)）を添加する．麦汁は味や香りを調節するために煮沸し，その後酵母を添加する．酵母による発酵には発酵中に発酵液の表面に浮き上がってくる上面発酵によるものと，酵母が発酵液の底に沈んでいく下面発酵との2方式がある．英国のエールやスタウトとよばれる黒ビールはS. cerevisiaeにより15〜20℃，3〜5日の上面発酵で行われるもので，香味が強く，アルコール濃度も高い（色の違いは使用する麦芽の焙煎(ばいせん)強度による）．ドイツや日本などのラガービールはS. pastorianus（旧 S. carlsbergensis）による5〜8℃，10〜12日の下面発酵により，穏やかですっきりした味になる．通常は加熱処理を行って酵母を死滅させて保存性を高めるが，生ビールでは加熱処理を行わない（図14・2）．

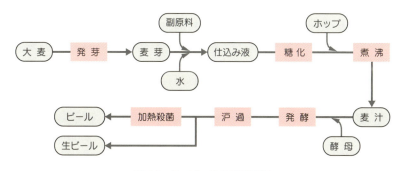

図 14・2　ビールの製造工程

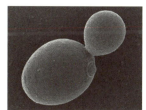

ビール酵母（写真提供：サッポロビール株式会社）

　日本の**清酒**（日本酒）は並行複発酵酒の代表で，コウジカビによる糖化と酵母によるアルコール発酵とを同時に行わせるという特徴がある．清酒醸造に使われる麹は精白した蒸米の表面にキコウジカビ *Aspergillus oryzae* を接種して繁殖させたもので，アミラーゼのほかタンパク質を分解するプロテアーゼなどをつくる．蒸米に麹と酵母（*S. cerevisiae*），水を加えて酵母を増殖させ，酒母(しゅぼ)（酛(もと)）をつくる．この過程では，雑菌の繁殖を抑えるために醸造用乳酸を加えることが多い．これに，初添，仲添，留添といって蒸米，麹，水を3回に分けて添加し，10〜15℃で約20日間の糖化・発酵を行ってもろみをつくる．この並行複発酵により，もろみ中のアルコール濃度は醸造酒としては最高の20〜25％にも達する．これを圧搾，沪過した後で，通常は火入れとよばれる60℃での加熱処理を行い，その後熟成させる（図14・3）．

清酒 seishu, sake

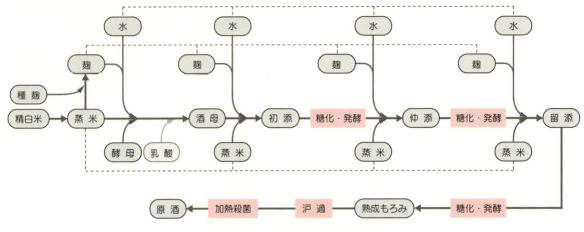

図 14・3 清酒の製造工程

発酵調味料

調味料のなかにも発酵によってつくられる伝統食品は多く，日本では味噌と醤油がその代表である．

味噌 miso

味噌は大豆，米，大麦に A. oryzae を接種して種麹とし，蒸煮大豆に加えて，子嚢菌類の Zygosaccharomyces rouxii などの耐塩性酵母，フィルミクテス類の Tetragenococcus halophilus などの耐塩性乳酸菌によって発酵させてつくる（図 14・4）．

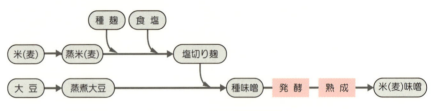

図 14・4 米（麦）味噌の製造工程

醤油 soy sauce

醤油にもさまざまな種類があるが，日本の醤油は蒸煮大豆に煎った小麦を加え，A. oryzae や A. sojae を接種して，Z. rouxii，T. halophilus により発酵させる（図 14・5）．味噌，醤油とも高濃度の食塩を含むため一般の細菌は増殖できないが，耐塩性酵母がアルコール，耐塩性乳酸菌が有機酸を生成し，味や香り，色を形成す

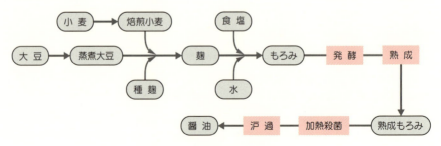

図 14・5 濃口醤油の製造工程

る．また，醤油の発酵後期には後熟酵母 *Candida versatilis* が醤油特有の香り成分をつくる．このほか，**食酢**は穀類や果汁などからアルコールをつくり，これをアルファプロテオバクテリアの酢酸菌 *Acetobacter aceti* などで発酵させてつくる．江戸時代まで高級酒とされた**みりん**はモチ米と米麹（*A. oryzae*）に焼酎を加えて熟成させたもので，混成酒に分類される．

食酢 vinegar

みりん mirin

発酵乳製品

乳製品の生産についても，酒類と同じくらいの長い歴史がある．

ヨーグルトは牛乳や山羊乳などをフィルミクテス類の *Lactobacillus delbrueckii* subsp. *bulgaricus* などの乳酸菌で発酵させた発酵乳で，長寿をもたらす健康食品とされる．**チーズ**は牛乳，山羊乳などを原料とし，まず，乳を乳酸菌 *Lactococcus lactis* などにより酸性化するとともに凝乳酵素を加えて，タンパク質であるカゼインを凝固させてカードにする．次に，このカードを加温することにより分離する乳精（ホエー）を除き，食塩などで味付けした後に，さまざまな微生物により熟成させてつくる．カマンベール（白カビチーズ）は子嚢菌類 *Penicillium camemberti* などの菌類によってタンパク質と脂肪が分解を受け，風味が加わる．ロックフォール（青カビチーズ）は *P. roqueforti* によって成分が分解を受け，青カビ色素が加わる．グリエールやエメンタールなどのスイスチーズは，アクチノバクテリア類のプロピオン酸菌 *Propionibacterium freudenreichii* が凝固牛乳の中で成長し，特有の香りをもつプロピオン酸や二酸化炭素を生成してチーズに穴をつくる．チーズ製造におけるカゼインの凝固にかつては仔牛の第四胃から得られる**レンネット**が用いられてきたが，現在ではケカビ類の *Rhizomucor pusillus* の凝固酵素が組換え DNA 技術により生産され，広く利用されるようになった．なお，以上のナチュラルチーズに対して，プロセスチーズは２種類以上のナチュラルチーズを混合してつくられるチーズで，加熱殺菌されるので長期間保存できる．

ヨーグルト yog(h)urt

チーズ cheese

レンネット rennet

その他の微生物利用食品

パンは小麦粉に水とパン酵母 *Saccharomyces cerevisiae* を加えて発酵させ，焼き上げてつくる．19 世紀までのヨーロッパではビール醸造で使用された上面酵母が再利用されることが多かったが，現在では活性を保ったまま乾燥させた酵母が用いられる．

パン bread

納豆は蒸した大豆をフィルミクテス類の枯草菌 *Bacillus subtilis*（旧納豆菌 *B. natto*）によって発酵させてつくる栄養食品である．**かつお節**はカツオの身を加熱してから乾燥させた保存食品で，3 枚に下ろした身を煮た後に燻煙し，コウジカビの 1 種である *Aspergillus glaucus* を付けて乾燥させる．カビ付けにより内部の水分が吸収されるために保存性が増し，菌がつくる酵素が脂肪を分解するので油分の少ない出汁の素材になる．**漬け物**は野菜を食塩などとともに漬け込んで貯蔵性を高めた加工食品であるが，ぬか漬け，塩漬け，キムチ，ピクルスなどの熟成にはおもに乳酸菌がかかわっている．

納豆 natto

かつお節 dried bonito

漬け物 pickles [*pl.*]

このほか，食用微生物としては各種のキノコが古代から利用されており，現在ではツクリタケ（マッシュルーム），シイタケ，エノキタケなどの多くのキノコが人

| サイレージ silage | 工栽培されている．また，家畜用の**サイレージ**は青刈りした牧草類をサイロなどの中で乳酸発酵させたもので，貯蔵性が高く良質な飼料になる．食用以外の伝統的な微生物利用としては，硝石やインジゴの製造がある．日本の花火などの原料である**硝石**は，江戸時代には家屋の床下などに草，蚕の糞などを埋めて人馬の尿などをかけ，これから硝酸カリウムを析出させて製造した．**インジゴ**はインドを中心に各地で広く使われてきたが，日本ではタデ科のアイの乾燥させた葉に水をかけながら室の中で約3カ月間発酵させ，それを突き固めた藍玉をさらに発酵させて藍汁をつくる． |

硝石 niter
インジゴ indigo

14・2　発酵工業生産

　現在では微生物反応はさまざまな物質生産に利用されているが，微生物による物質生産には化学合成反応とは異なるいくつかの特徴がある．微生物による発酵は常温常圧という温和な条件で，反応が効率よく進む．反応を触媒する酵素は安全で特異性が高く，溶媒は水であるため環境負荷は少ない．しかし，化学合成反応に比べると反応速度が遅く，原料濃度を高くできないために反応後に生成物を濃縮する必要があり，コストがかかる．そこで，現在の工業生産では，微生物反応と有機合成反応のそれぞれの長所を組合わせた反応が行われる．次に，おもな発酵工業についてみることにしよう．

アルコール alcohol
バイオエタノール bioethanol

　各種の**アルコール**は微生物による発酵生産が可能であるが，コストがかかるため飲料用以外のものの多くは化学合成によって生産される．**バイオエタノール**はサトウキビやトウモロコシなどのバイオマスを発酵させて蒸留して生産するもので，ガソリンの代替燃料として注目されている．クエン酸，リンゴ酸，乳酸などの**有機酸**はクエン酸回路などの中間代謝物で，おもに菌類による発酵で生産され，食品，飲料，医薬品などの製造に利用される．

有機酸 organic acid

アミノ酸 amino acid

　アミノ酸は以前はタンパク質を加水分解して製造していたが，1956年に日本でコンブのうま味成分であるグルタミン酸をアクチノバクテリア類の *Corynebacterium glutamicum* による発酵法で生産できるようになり，微生物工業の発展の引き金になった．各種のアミノ酸が発酵法によってつくられており，食品，甘味料，医薬品，化粧品などの製造に利用される．また，かつお節やシイタケのうま味成分であるイノシン酸やグアニル酸などの**呈味性ヌクレオチド**も，菌類や放線菌による酵母 RNA の分解のほか，*C. ammoniagenes* のアデニン要求性変異株などによる発酵に

呈味性ヌクレオチド gustatory nucleotides

バイオエタノール

　再生可能な自然エネルギーであり，燃焼によって大気中の二酸化炭素を増加させないことから将来性が期待されている．ブラジルでは1970年代からサトウキビの糖蜜を分離した後の廃蜜糖を原料とした生産が始まり，バイオエタノールの普及が進んだ．米国ではトウモロコシを原料とするエタノール生産が政策的に進められ，生産が急増している．ただし，トウモロコシなどによるエタノール生産は製造コストに加えて，食料と競合することについての疑問も多い．今後は稲わらや廃木材などの未利用資源からの生産が期待されるが，現時点では技術的な課題が克服できていない．

よって生産され，調味料や医薬品などの原料として利用される．

微生物は各種の**酵素**を生産するが，現在ではプロテアーゼ，アミラーゼ，リパーゼなどの多くの微生物酵素が，医学，工業，家庭用洗剤などに広く利用されている．遺伝子工学でPCRに利用する *Taq* ポリメラーゼなどのように，極限環境で生息する微生物が生産する耐熱性酵素は工業用，研究用としても重要である．

微生物は**多糖類**の工業生産にも利用されている．**デキストラン**はフィルミクテス類の *Leuconostoc* 属の乳酸菌などが生産する高分子の側鎖をもつポリグルコースで，血漿増量剤，デキストラン鉄などの医薬品として，また，ゲル濾過用の生化学担体として使われる．**キサンタンガム**はガンマプロテオバクテリアの植物病原細菌である *Xanthomonas campestris* が生産するポリグルコースで，低カロリー食品，酸化防止フィルム，接着剤などの原料，化粧品や加工食品の品質改良材として利用される．アルファプロテオバクテリアの酢酸菌 *Acetobacter xylinum* がつくるバイオセルロースはきわめて純度が高く，工業的に利用される．**オリゴ糖**も微生物酵素によってつくられるようになった．優れた保水性と保存性をもつ糖類の**トレハロース**はアクチノバクテリア類の *Rhodococcus* 属細菌から得られた酵素によりデンプンから安価に生産され，食品，医薬品，化粧品などに広く使われるようになった．内部にほかの分子を取込む性質をもつ**シクロデキストリン**はフィルミクテス類の *Bacillus* 属細菌などの酵素によって生産され，食品，医薬品，化粧品などに利用される．

抗生物質は微生物によって生産され，ほかの微生物の増殖や機能を阻害する物質の総称である．主として細菌感染症の治療に使用される．1928年の**ペニシリン**の発見以来，アクチノバクテリア類細菌や菌類が生産する数多くの抗生物質が開発されたが，近年では天然誘導体から半合成されるものや化学合成されるものも増加している．細菌細胞壁合成を阻害する抗生物質の代表はペニシリンで，その後ペニシリンの構造を化学的に変換したアンピシリンなどのβ-ラクタム系抗生物質がつくられた．β-ラクタム系には，セファロスポリンなどのセフェム系抗生物質も含まれる．β-ラクタム系以外の細胞壁合成阻害剤には，グラム陽性多剤耐性菌に多用されたバンコマイシンなどがある．細菌のリボソームに結合してタンパク質合成を阻害する抗生物質には，画期的な結核治療薬として登場した**ストレプトマイシン**をはじめ，カナマイシン，テトラサイクリン系，クロラムフェニコールなどがある．核酸合成を阻害する抗生物質には，結核菌などに用いられるリファンピシンなどがある．ただし，近年は世界的に抗生物質の乱用が進み，**メチシリン耐性黄色ブドウ球菌**，**バンコマイシン耐性腸球菌**，**カルバペネム耐性腸内細菌**などの多剤耐性菌による感染被害が深刻になっている．

栄養価が高い酵母などの微生物を培養し，**単細胞タンパク質**として食料や飼料として利用しようとする試みも多い．炭素源として木材糖化液，亜硫酸パルプ廃液，デンプン廃液などが利用され，一部は実用化されている．石油系炭化水素の利用も旧ソビエト連邦などで進められたが，発がん性物質混入などの危険性から製造は中止された．

一方，光合成微生物の食飼料化は進んでいる．緑色藻類クロレラ（*Chlorella* 属）の**クロレラ**は未来の食料資源として研究されたが，強固な細胞壁をもちそのままではヒトが消化できないため，現在では細胞壁を破砕したものが健康食品として利

酵素 enzyme

多糖類 polysaccharide

デキストラン dextran

キサンタンガム xanthan gum

オリゴ糖 oligosaccharide

トレハロース trehalose

シクロデキストリン cyclodextrin

抗生物質 antibiotics [*pl.*]

ペニシリン penicillin 子嚢菌類の *Penicillium chrysogenum*（旧 *P. notatum*）が生産．

ストレプトマイシン streptomycin アクチノバクテリア類 *Streptomyces griseus* が生産．

メチシリン耐性黄色ブドウ球菌 methicillin-resistant *Staphylococcus aureus*, MRSA

バンコマイシン耐性腸球菌 vancomycin-resistant *Enterococcus*, VRE

カルバペネム耐性腸内細菌 carbapenem-resistant enterobacteriaceae, CRE

単細胞タンパク質 single cell protein, SCP

クロレラ chlorella

スピルリナ spirulina	用される．シアノバクテリア類スピルリナ（*Arthrospira* 属）の**スピルリナ**は熱帯，亜熱帯の各国で生産され，健康食品のほか，飼料，食用色素などとして利用される．
ミドリムシ euglena	日本では，ユーグレナ藻類ユーグレナ（*Euglena* 属）の**ミドリムシ**を食料や飼料，バイオ燃料の原料として利用しようとする研究が活発化している．

14・3　微生物の産業利用技術

　微生物産業に遺伝子組換え技術を組合わせることによって，製造業や医療などにさまざまな新技術がもたらされた．遺伝子組換え微生物により，ヒト型インスリン，治療用成長ホルモン，インターフェロン，あるいは，チーズ製造に必要なキモシンなどがつくられるようになった．組換え DNA を増幅，維持，導入する**ベクター**としては，通常は細菌のプラスミドを改変したものが使われる．ウイルスやファージをベクターとして使用して，動植物で有用物質を生産させることも可能になった．ウイルスベクターはヒトの遺伝子治療にも使用される．

ベクター vector

　微生物酵素は，血糖値測定や肝機能検査，コレステロール量測定などのヒトや動物の臨床検査にも広く利用されている．酵素は治療薬としても使われ，経口消炎薬，パーキンソン病治療薬などがつくられている．また，*Penicillium citrinum* から見つかった酵素阻害剤スタチンは高脂血症の治療薬として利用されている．

　微生物の生体触媒を固体触媒と同じように繰返し利用しようとするのが酵素の固定化技術である．**固定化酵素**は酵素を樹脂などの担体に結合させたり，ゲルや半透膜に閉じ込めて連続使用できるようにしたものである．**バイオリアクター**として工業プロセスに組込んで，飲料，食品，医薬品などの生産や廃棄物処理などに広く利用される．最近では，酵素生産菌の菌体を固定化して用いることも多くなった．

固定化酵素 immobilized enzyme

バイオリアクター bioreactor

バイオセンサー biosensor

　微生物酵素はきわめて鋭敏なので，各種の**バイオセンサー**にも利用される．これは酵素などの生体機能を利用して複雑な有機化合物を選択的に識別，測定しようとするもので，固定化酵素や固定化微生物から成る分子認識素子と化学反応を電気信号に変換するトランスデューサーから構成される．バイオセンサーは医療，臨床検査用の機器に使用されるほか，薬剤スクリーニングにも利用される．食品分野では魚肉の鮮度センサーやにおいセンサーなどが，環境分野では生物学的酸素要求量（BOD）センサーなどが利用されている．

　農林業では微生物は病原体として農業生産の阻害要因となってきたが，一方でさまざまな技術に応用されている．化学農薬に代わる防除薬剤として期待されてい

寄生虫症治療薬イベルメクチン

　2015 年度ノーベル賞受賞者の大村 智らは，伊豆のゴルフ場土壌から分離した放線菌 *Streptomyces avermitilis* が生産する抗生物質を発見して，アベルメクチン（エバーメクチン；avermectin）と命名した．この分子構造の一部を変換して開発されたのがイベルメクチン（ivermectin）で，最初は寄生虫症に対する動物薬とした発売されたが，その後ヒトの線形動物による寄生虫病であるオンコセルカ症（河川盲目症）やリンパ系フィラリア症（象皮病）などに高い効果を示すことがわかった．イベルメクチンは世界保健機構（WHO）を通じてアフリカや中南米で無償供与され，10 億人以上が熱帯感染症から救われた．このイベルメクチンは，日本でもイヌのフィラリア症予防薬として広く使われている．

る**微生物農薬**には，微生物あるいは微生物毒素などを利用したものがある．チョウ目などの農業害虫の幼虫の殺虫剤として使われるBT剤はフィルミクテス類の*Bacillus thuringiensis*の芽胞，結晶性タンパク質，あるいはそれらを混合した薬剤で，昆虫体内のアルカリ性消化液で分解されるとそれらの昆虫類に毒性を示す．Bt毒素遺伝子を導入したトウモロコシ，ワタなども実用化されている．バラやリンゴなどの根頭がん腫病の防除には，病原細菌*Rhizobium radiobacter*（旧*Agrobacterium tumefaciens*）と同種で非病原性のK84株が製剤化され，その**バクテリオシン**による抗菌性が世界中で利用されている．また，この菌を応用した**アグロバクテリウム法**は植物への遺伝子導入技術として広く用いられ，日持ちのよいトマト，ウイルス病抵抗性植物，青いバラなどのさまざまな有用品種が作出されている．一方，マメ科作物の栽培では収量増加をめざして**根粒菌**の接種が行われている．近年は各種の**アーバスキュラー菌根菌**も各種の作物の生育促進に利用されるようになった．

鉱山では古くから微生物を利用した**バクテリアリーチング**が行われてきた．これは，鉱石から有用な金属成分を溶出させる際に微生物の働きを利用するものである．経験的には17世紀以前から行われてきたが，現在でも低品位硫化鉱石から銅やウランを採取するのに広く使われる．山積みした鉱石に希硫酸をかけるとガンマプロテオバクテリアの鉄酸化細菌*Acidithiobacillus ferrooxidans*などの強酸中で生存できる細菌により金属成分が急速に分解され，溶出する．世界の銅の1/4はこの方法で採取されている．

微生物農薬 microbial pesticide

バクテリオシン bacteriocin　細菌類が生産する同種あるいは近縁種に対する抗菌活性をもつタンパク質．

アグロバクテリウム法 agrobacterium-mediated plant transformation

根粒菌 root-nodule bacteria [*pl.*]

アーバスキュラー菌根菌 arbuscular mycorrhizal fungi, AM菌

バクテリアリーチング bacterial leaching

まとめ

- 人類は古代から，酒類や乳製品，調味料などの発酵食品をつくり続けてきた．
- 醸造酒はワインやビール，清酒などのように原料あるいはそれを糖化させたものを発酵させた酒類である．
- 蒸留酒は醸造した酒類をさらに蒸留してアルコール分を高めたブランデーやウイスキー，焼酎などの酒類である．
- 味噌，醤油などの調味料，ヨーグルトやチーズなどの乳製品も発酵によってつくられる．
- 現在では，アミノ酸，酵素，多糖類，抗生物質なども発酵工業によって生産されている．
- 遺伝子組換え微生物によりヒト型ホルモンなどが生産される．
- 微生物は動植物への遺伝子導入ベクターとして利用される．
- 微生物由来の酵素は固定化酵素を用いたバイオリアクターとして利用され，工業生産で利用されている．
- 微生物酵素はバイオセンサーにも組込まれ，診断機器や鮮度センサーなどにも利用されている．
- 微生物は生物農薬などとしても利用される．
- 銅鉱山などでは微生物を利用したバクテリアリーチングが行われる．

15 地球環境と微生物

水処理や環境浄化における微生物の役割も大きい．地球上の物質循環は微生物によって支えられている．地球の歴史と微生物進化との関係についても学ぼう．

15・1　水処理と環境浄化

微生物は汚水処理や環境浄化にも重要な役割を果たしている．

人間の生活あるいは産業活動によって，河川や沿岸域などでは**水質汚染**が起こるようになった．水質汚染の程度を知る指標として最も一般的なのは**生物化学的酸素要求量（BOD）**で，これは水中の有機物を微生物が好気的に分解するために消費される酸素量で示す．この方法では微生物を培養して溶存酸素の減少量をみるので，測定には通常5日かかる．一方，**化学的酸素要求量（COD）**は，水中の物質を酸化するために必要な酸化剤（過マンガン酸カリウム）の量で酸素量を計算するものである．無機物の酸化量も加わるためBODとは一致しないが，短時間で測定できるためによく用いられる．最近では，水中の有機炭素を燃焼させて二酸化炭素ガスにし，その量を赤外線で測定する**全有機炭素（TOC）**も，水質指標として使われるようになった．この方法では有機物量をほぼ正確に定量できるが，水質に影響を与えない難分解性有機物も検出されるという欠点もある．

生活廃水や産業廃水などの**下水処理**でも，微生物が大きな役割を果たしている．下水処理場では廃水中の固形粒子は沈殿槽で沈殿させ，有機物は嫌気的条件で二酸化炭素やメタンにまで分解する．未分解の汚泥は分解槽の底から定期的に回収する（図15・1）．生じたメタンは施設の暖房や発電用などに利用できる．なお，江戸時代の江戸などの都市では物質循環がうまく工夫され，下水道施設なしで資源の有効利用を達成していた．

廃水中の溶存物質は好気的条件で，細菌や原生生物などの微生物を利用して分解

水質汚染 water pollution
生物化学的酸素要求量 biochemical oxygen demand, BOD
化学的酸素要求量 chemical oxygen demand, COD
全有機炭素 total organic carbon, TOC
下水処理 sewage treatment

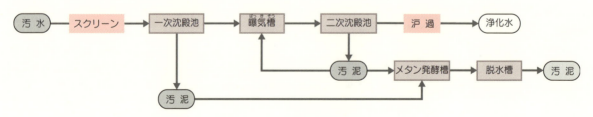

図15・1　下水処理の工程

する．一般的な**活性汚泥法**は，汚水に空気を吹き込んで凝集塊を形成させ，そこで有機物を無機化して浄化を行う方法である．汚泥は肥料などとして利用できるが，窒素やリンは完全には除去できない．下水道施設がない地域で使われる**浄化槽**は各戸の埋設槽内で下水処理場とほぼ同様の処理を行うもので，浄化水は敷地内に浸透させる．これは日本で開発されたもので，農村部や山間部でも低コストで廃水を処理できる．**生物膜法**では微生物で表面を覆った瓦礫(がれき)層の上から汚水を散水し，生物膜を通過する間に有機物を微生物分解により無機化する．飲料用の上水道のための浄化では，さらに塩素ガスや次亜塩素酸による塩素消毒による滅菌処理の過程が加わる．

現在では，農薬，界面活性剤，繊維，プラスチックなどの合成化学物質が広く用いられるようになった．農薬はかつては **DDT** などの**残留性有機汚染物質**も多く使われたが，現在では自然界での残留時間が短く，また，**生物濃縮**されないものだけが使用されるようになった．DDT はスイスの化学者ミュラーによって殺虫剤として実用化され，世界各地で使用された．その後，DDT の分解物が環境中に長期間とどまり，食物連鎖を通じて生物濃縮されることが明らかになり，使用されなくなった．ただし，現在でもインドなどで製造が続いており，一部の途上国でのマラリア予防に使用されている．また，1950 年代に家庭用洗剤として使われた**アルキルベンゼンスルホン酸**（**ABS**）は環状で微生物分解が難しかったために河川などを汚染したが，1960 年代には直鎖状のアルキルベンゼンスルホン酸（LBS）が開発され，短時間に微生物分解されるようになった．

廃棄物の中でも量が多いプラスチックは自然界で分解性が低いためにほとんどが埋め立て処分されているが，微生物によって分解される**生分解性プラスチック**の利用も広まっている．ポリ乳酸，セルロース，デンプン，ポリビニルアルコールなどを原料としたものが使われており，土中に埋設すると数日程度で分解されるが，通常のプラスチックに比べると強度が劣り，高価である．

汚染された環境を物理化学的方法ではなく細菌や菌類，植物などの生物を使ってもとの状態に戻すことを，**バイオレメディエーション**という．土壌や海洋などの環境浄化は広い面積に対して行われることが多いが，物理化学的方法に比べると容易でコストも少なくてすむ．微生物を用いたバイオレメディエーションには二つの方法があり，窒素やリンなどの栄養素を散布してその場所にいる微生物の生育を促進させて浄化を行う**バイオスティミュレーション**と，栄養素に加えて分解微生物も投入して浄化を行う**バイオオーグメンテーション**とがある．バイオレメディエーションが大規模に行われた最初の例は，1989 年にアラスカ湾で起こった巨大タンカーの座礁による大量の原油流出事故であった．このときには窒素とリンを散布することにより自然の石油分解微生物を増殖させた結果，2〜3 週間で汚染の改善がみられた．現在では油汚染の環境修復用の混合微生物製剤が市販されており，土壌や水などの油汚染の修復に使用されている．

安定で絶縁性が高いポリ塩素化ビフェニル（**PCB**）は，かつては変圧器などの絶縁油や可塑剤などとして広く使われた．しかし，毒性が高く，環境中での残留性も高いため，1972〜1975 年に製造や輸入が禁止された．また，ポリ塩素化ジベンゾ-*p*-ジオキシン（PCDDs），ポリ塩素化ジベンゾフラン（PCDFs）などのいわゆ

活性汚泥法 activated sludge process

浄化槽 septic tank

生物膜法 biofilm process　バイオフィルム法ともいう．

DDT *p, p'*-dichlorodiphenyl-trichloroethane　*p, p'*-ジクロロジフェニルトリクロロエタン

残留性有機汚染物質 persistent organic pollutants [*pl.*], POPs　環境中での分解性が低く，食物連鎖などで生物の体内に蓄積され，地球上の長距離を循環し，ヒトの健康や生態系に有害な物質．

生物濃縮 bioconcentration　化学物質が生態系での食物連鎖を通じて生物体内に濃縮されていく現象．

ミュラー P. H. Müller　（1899-1965）DDT の殺虫作用の発見により 1948 年ノーベル生理学医学賞を受賞．

アルキルベンゼンスルホン酸 alkylbenzenesulfonic acid

生分解性プラスチック biodegradable plastic

バイオレメディエーション bioremediation

バイオスティミュレーション biostimulation

バイオオーグメンテーション bioaugmentation

ポリ塩素化ビフェニル polychlorinated biphenyl, PCB　ビフェニルの複数水素原子が塩素原子で置換された化合物の総称．法律用語はポリ塩化ビフェニル．

ダイオキシン dioxin

るダイオキシンも毒性が強いとされ，環境中での残留性が高い．ダイオキシンはゴミ焼却炉での不完全燃焼により生成されるが，過去に散布された水田除草剤の不純物として環境中に放出されたものが水田土壌や河川の底質などから現在でも検出される．なお，これらの難分解性物質も，ガンマプロテオバクテリアの *Pseudomonas* 属をはじめとする多くの細菌や担子菌類の木材分解菌類 *Phanerochaete* 属菌などによって分解できることが明らかになった．

15・2 地球上の物質循環

生物の生存にはさまざまな元素が必要である．炭素と窒素，硫黄はタンパク質などの構成成分として不可欠であり，リンはエネルギー代謝の中心を担っている．これらの元素の地球上の物質循環にも，微生物が大きな役割を果たしている．地球上の生物圏，岩石圏，水圏，大気圏との間の**炭素循環**，**窒素循環**，そして硫黄とリンの循環をみよう．なお，§7・1で述べたように，深海や地中深くには以下に示すものとは独立した生態系があることが明らかになっている．

炭素循環 carbon cycle
窒素循環 nitrogen cycle

炭素循環

地球上の炭素の約 90 % は石炭，石油，天然ガスや岩石などとして地殻中に存在する．海水などに溶けて存在する二酸化炭素（CO_2）もかなり多い．二酸化炭素は大気中に約 0.04 % 含まれるが，すべての生物が有機物の基本骨格として利用する炭素は，もとをたどれば大気中の二酸化炭素を植物や藻類などの独立栄養生物が同化したものである．一方，生物は呼吸や発酵によって二酸化炭素を放出する．また，有機物の一部は還元されてメタンとなり，さらに分解されると二酸化炭素になる．生物遺体の一部は長い年月をかけて化石燃料となり，その燃焼により大気圏に戻る（図 15・2）．

大気中の二酸化炭素と有機態炭素との収支は平衡がほぼ保たれてきたが，人類に

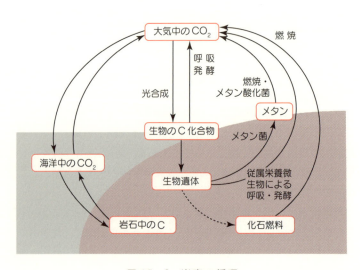

図 15・2　炭素の循環

よる森林破壊と化石燃料の大量消費とにより放出が上回るようになった．大気中の二酸化炭素濃度は，18世紀半ばの産業革命期から現在までの300年弱の期間に約40％増加した．

窒素循環

窒素のほとんどは大気中に存在し，窒素ガス（N_2）として大気の約78％を占める．窒素はアミノ酸や核酸塩基の構成成分として重要であるが，窒素分子は不活性なためにほとんどの生物はそのままでは利用できず，**窒素固定**により生成したアンモニア（NH_3）を用いる．大気中の窒素の一部は雷の放電でも固定されるが，19世紀までは地球上の生物は窒素のほとんどを，大気中の窒素を直接固定できるアルファプロテオバクテリアの *Rhizobium* 属などの**根粒菌**に依存してきた．一方，生物の排泄物や遺体の中の窒素はアンモニアに変わり，土壌中の**硝化細菌**がそれを亜硝酸（NO_2^-），さらに硝酸（NO_3^-）まで酸化する．硝化細菌のうち，アンモニアの酸化はベータプロテオバクテリアの *Nitrosomonas* 属菌などのアンモニア酸化細菌が，亜硝酸の酸化はアルファプロテオバクテリアの *Nitrobacter* 属などの亜硝酸酸化細菌が行う．20世紀に入るとハーバー・ボッシュ法によって硫酸アンモニウムなどの窒素肥料が工業的に生産されるようになった．現在のヒトの体内のタンパク質に含まれる窒素は，約50％が化学肥料に由来する（図15・3）．

窒素固定 nitrogen fixation

根粒菌 root-nodule bacteria [*pl.*]

硝化細菌 nitrifying bacteria [*pl.*]

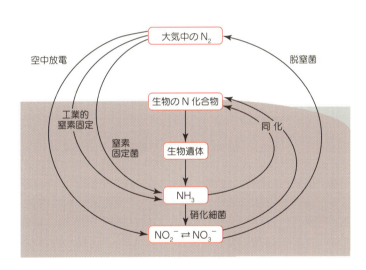

図15・3　窒素の循環

硝酸態窒素は農業生産に重要であるが，水田などの嫌気条件では土壌微生物のエネルギー源として利用される．硝酸あるいは亜硝酸の一部は土壌中の脱窒菌などの微生物によって窒素ガスに変換されるが，この現象を**脱窒**という．土壌中の窒素の脱窒による減少は，よく耕して好気条件にすることによって防ぐことができる．一方，過剰な硝酸塩は地下水や河川を汚染して**富栄養化**を起こす．ヒトや家畜が大量に硝酸塩を摂取すると体内のヘモグロビン濃度が減少し，血液の酸素運搬が低下してチアノーゼを生じる**メトヘモグロビン血症**などを起こして害を与えることがあ

脱窒 denitrification

富栄養化 eutrophication

メトヘモグロビン血症 methemoglobinemia

る．したがって，微生物による脱窒は農耕地から過剰な窒素を除去する役割も果たしていることになる．

硫黄とリンの循環

タンパク質の高次構造の形成などに必要な硫黄の循環における微生物の役割も大きい．硫黄酸化細菌や光合成硫黄細菌は火山や温泉から出る硫化水素（H_2S）を単体硫黄（S）を経て硫酸（SO_4^{2-}）に変換し，硫酸還元細菌は硫酸を硫化水素に変換する．土壌中の硫酸は植物と微生物によって同化され，一方，生物遺体中の硫黄は硫化水素として放出される．硫化水素は反応性に富むため，金属イオンと反応して不溶性の硫化物を形成する．有機物を含んだ河口などの川底の泥が黒色であるのは，硫化水素と鉄イオンが反応してできる硫化鉄を多く含むためである．硫化水素や硫化鉄は微生物によって徐々に酸化され，最終的には硫酸になる（図 15・4）．

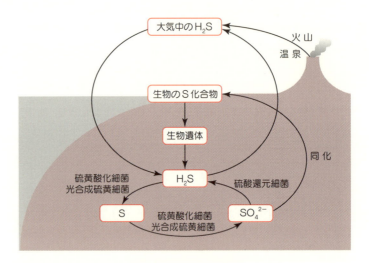

図 15・4 硫黄の循環

　リンは核酸，ATP，生体膜などの構成成分として重要である．リンは自然界ではリン酸カルシウムやリン酸鉄などの難溶性の塩として存在しており，微生物は難溶性リン酸塩の可溶化と生体成分からのリン酸塩放出に関与している．窒素肥料とともに農業生産に重要なリン肥料は無機のリン灰石のほか，海鳥の糞に由来するグアノなどのリン灰土からつくられる．日本はリン資源を輸入に頼ってきたが，近年は世界的にリン鉱石の採掘量が減少しているためにリン肥料の価格が高騰している．

15・3　地球の歴史と微生物の進化

　第3章では，真核生物が細胞内共生によって誕生したことについてふれた．最後に，地球上の微生物の進化の歴史をたどってみることにしよう．地球生命の歴史については明らかになっていることが少なく，研究者によっても見解が異なるが，おもなできごとを年代別にまとめると表 15・1 のような地質時代表になる．

　原始地球は多くの微惑星が衝突することにより，46億年前につくられた．原始

表 15・1　地球生命の歴史の概略[1]

代	紀	年代 (億年前)	できごと[2]
冥王代		～46	
		46	地球が誕生
		40	地殻・原始海洋ができる
		40	原始生命体が誕生
		—40.0—	
始生代		38	細菌・古細菌（嫌気性）が出現
		32	シアノバクテリア（好気性）が出現
		27	縞状鉄鉱床生成が始まる
		—25.0—	
原生代	古原生代	25～19	シアノバクテリアが大量発生
		24～22	地球全体が凍結
		21	真核生物が誕生
		20	縞状鉄鉱床生成が終わる→大気中の酸素濃度が上昇
		—16.0—	
	中原生代		シアノバクテリアが繁栄→嫌気性微生物が減少
		—10.0—	
	新原生代	10	原生生物・多細胞生物が出現
			有性生殖が始まる
		7.3～6.4	地球全体が凍結
		6.0	エディアカラ生物群が出現→大半が絶滅
		5.8	捕食動物・海綿動物が出現
		5.7	菌類が出現
			大量絶滅（ゴンドワナ大陸分裂による火山活動？）
		—5.4—	
古生代	カンブリア紀	5.4～5.3	生物が多様化（カンブリア爆発）
			二酸化炭素濃度は現在の20～35倍
		5.3	バージェス生物群が出現→絶滅
		4.9	
	オルドビス紀		節足動物（三葉虫）などが繁栄
			魚類が出現
		4.8～4.4	オゾン層の形成
		4.5	植物と菌類が上陸
		4.4	大量絶滅（氷河？・超新星爆発？）
		4.4	
	シルル紀	4.3	維管束植物が出現

代	紀	年代 (億年前)	できごと[2]
古生代	デボン紀	4.2	
		4.2	植物が繁栄→森林の形成
		4.0	昆虫類が出現
			アンモナイトが出現
		3.6	大量絶滅（大規模気候変動？）
		3.6	
	石炭紀	3.6	大森林が発達→酸素濃度が30％に上昇
			両生類が出現・上陸
			昆虫類が繁栄
			石炭化が進み二酸化炭素濃度が激減・寒冷化
		3.0	
	ペルム紀	3.0	昆虫・両生類・爬虫類が繁栄
			裸子植物が繁栄
		2.5	大量絶滅（パンゲア大陸形成による気候変動）
		—2.5—	
中生代	三畳紀	2.5	温暖化により酸素濃度が10％に低下
		2.5	恐竜が出現
			哺乳類が出現
		2.0	パンゲア大陸が分裂を始める
			大量絶滅（隕石衝突？・火山活動？）
		2.0	
	ジュラ紀		温暖湿潤で動植物が大型化
			酸素濃度が上昇
			二酸化炭素濃度は現在の4～5倍
			恐竜・裸子植物が繁栄
		1.5	始祖鳥（鳥類）が出現
			被子植物が出現
		1.5	
	白亜紀	1.5	温暖湿潤で被子植物・恐竜が繁栄
		1.0	徐々に低温化
		0.7	大量絶滅（隕石衝突？）
		—0.7—	
新生代	第三紀	0.7	哺乳類と鳥類が繁栄
		0.65	霊長類出現
			森林の拡大により二酸化炭素濃度が低下
		0.4	寒冷化
		0.3	
	第四紀	0.2	寒冷化がさらに進む
			二酸化炭素濃度が現在のレベルになる
		0.06	ヒトの出現

[1] できごとが起こった年代については研究者によってさまざまな見解があるので，この表の年代は一例と考えてほしい．
[2] 微生物学に関連するできごとを色字で示した．

RNA ワールド仮説 RNA world hypothesis

地球の冷却が進むと地殻と海洋ができたが，40億年前にはおそらく海洋の熱水鉱床の岩石の表面で原始生命体が誕生した．生命体誕生のしくみとしては，最初に無機物から変化した有機物でできた原始スープの中で触媒機能をもったRNAが出現し，RNA-タンパク質複合体を経て現在のDNA型生命体へ移行したとする**RNAワールド仮説**が有力である．始生代の38億年前にはすでに，生体膜を備えた化学合成細菌と古細菌とが出現したと考えられている．原始地球の大気はほとんどが二酸化炭素で酸素はごくわずかだったが，32億年前にシアノバクテリアが登場して酸素供給を開始した．酸素は海水中の鉄イオンと結合して縞状鉄鉱床が形成されたが，20億年前には海水中の鉄イオンが枯渇して縞状鉄鉱床の生成が終わり，大気中の酸素濃度が増加して好気性微生物が増加するようになった．その後，オゾン層が形成され，生物が地上でも繁栄できる環境が整えられた．地質時代の記録をたどると，生物の活動は地球の大気環境や気温などを何度も大きく変化させたことがわかる．一方，火山活動や隕石衝突などは急激な気候変動をもたらし，生物の大量絶滅を何度もひき起こしてきた．

最初の真核生物は，古原生代の21億年前に生まれたと考えられている．図3・6に示した祖先原核細胞に相当する微生物は現存していないが，それは捕食性の古細菌，おそらくはメタン生成古細菌に近いものと考えられる．これにアルファプロテオバクテリアに近い発酵性細菌が細胞内共生して，ミトコンドリアになった．葉緑体の祖先はシアノバクテリアとされてきたが，最近の研究によるとシアノバクテリアそのものではないらしい．バクテリオクロロフィルをもつ酸素非発生型光合成細菌からシアノバクテリアと葉緑体の共通祖先に進化し，それが光合成真核生物のもとになったという．その後，光合成色素の一部を失い，あるいは変化させ，さらに細胞内共生を行うことによりさまざまな微生物群が分化した（図10・11参照）．

新原生代の10億年前になると原生生物と多細胞生物が出現し，また，有性生殖が始まった．最初の多細胞生物は，襟鞭毛虫類の群体から進化した海綿動物とされている．菌類は5.7億年前に出現した．古生代オルドビス紀の4.5億年前には，菌類は植物とともに上陸を果たしたと考えられている．

ウーズ C. R. Woese (1928-2012)

米国の微生物学者ウーズは1990年に全生物に共通で保存性が高い16S/18S rRNA遺伝子の塩基配列の相同性を比較することにより，生物全体を細菌（バクテリア），古細菌（アーキア），真核生物の3ドメインに大別した．この相同性はリボソームの分子進化の過程を反映したものと考えられ，遠近関係を**系統樹**としてまとめることができる（図15・5）．これによると，原始生命体からはまず細菌が誕生し，次に古細菌が分かれ，その後に真核生物が分岐したことになる．ただし，生物の進化では細胞内共生が何度も起こり，原核生物でも遺伝子の水平伝播が頻繁に起

系統樹 phylogenic tree

RNA ワールド仮説

1982年のチェック（T. R. Cech, 1947-）らによるリボザイム（自己触媒機能をもつRNA分子）の発見を踏まえて，1986年にギルバート（W. Gilbert, 1932-）が提唱した．なお，最初の生命体は地球外からもたらされたと考えるパンスペルミア仮説や，生命体はタンパク質から始まったとするタンパク質ワールド仮説，まず設計図が必要というDNAワールド仮説を支持する研究者も少なくない．

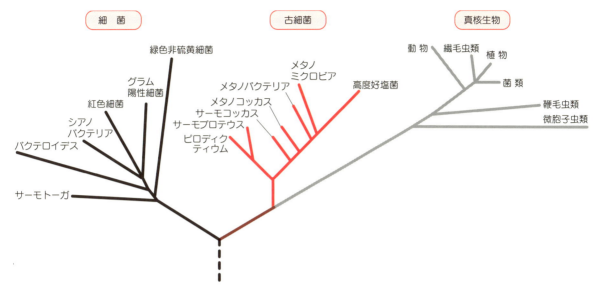

図 15・5　16S/18S rRNA 遺伝子の塩基配列の比較による生物の系統樹　枝分かれは系統の分岐を示し，枝の長さは進化の時間経過を示す．C. R. Woese et al., *Proc. Natl. Acad. Sci. USA*, **87** (1990) による．なお，この図に示された分類群の一部はその後再分類されている．

こっているので，生物の進化過程を系統樹として正確に示すことは困難である．

　この系統樹を見ると，地球上の生命の大半は微生物が占めていることがわかる．地球上では現在も数多くの多様な微生物が繁栄している．私たちの真核細胞も原核微生物を取込むことによって成立したものであり，その意味では私たちヒトも微生物の子孫である．地球は実は微生物によって支えられている微生物の惑星であり，微生物は地球の上で今も多様な進化を続けている．

まとめ

- 微生物は下水処理や環境浄化にも重要な役割を果たしている．
- 下水処理における活性汚泥法，生物膜法や浄化槽では，微生物により有機物を分解している．
- 農薬，界面活性剤なども，現在では微生物分解されるものが使われている．
- 微生物によって分解される生分解性プラスチックの利用も広まっている．
- 汚染された環境を物理化学的方法ではなく微生物を使ってもとの状態に戻すことをバイオレメディエーションという．
- 地球上の炭素，窒素，硫黄，リンの循環にも微生物が大きな役割を果たしている．
- 地球上の原始生命は微生物として誕生し，多様な進化を繰返して，ヒトにまで至っている．

微生物学の実験技術

16 微生物の取扱い方

微生物を扱う場合にはさまざまな実験技術が必要になる．ここでは，基礎的で特に重要な項目を紹介する．実際の実験では事前にマニュアルをよく読み，安全性も含めて十分に理解してから操作に臨むことを心がけよう．

16・1 分離と培養

病原体や有用微生物などを扱う場合には，まずその微生物を純粋な形で取出す必要がある．目的の微生物を自然界から取出す操作を**分離**といい，通常は培地に移してから目的の微生物を選別し，それを純粋培養して行う．

培地は微生物の生育に必要な栄養素を含む液体か，あるいはそれに寒天などを加えて固形化したものである．天然物を主成分とする天然培地と化学薬品だけでつくることができる合成培地とがある．培地にはさまざまな種類があるが，細菌には普通ブイヨン培地などを，菌類には麦芽エキス培地などを使う（表 16・1）．固形培地のうちでは，分離や培養にはシャーレを使った**平板培地**を，菌株の保存などには試験管を使った**斜面培地**を用いることが多い（図 16・1）．培地の入った試験管やフラスコ類は，通常は通気性のある**シリコン栓**か**綿栓**でふたをした状態で滅菌して

分離 isolation

培地 medium (*pl.* -dia) 培養基ともいう．

平板培地 plate medium
斜面培地 slant medium
シリコン栓 silicone rubber stopper
綿栓 cotton plug

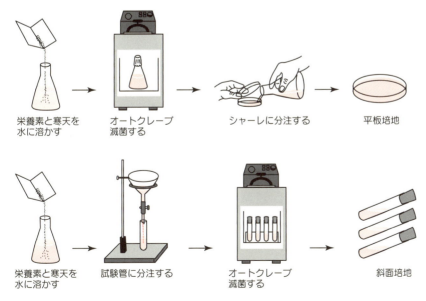

図 16・1 固形培地の作製

第Ⅴ部 微生物学の実験技術

表 16・1 微生物研究で使われる代表的な培地†

名 称	組 成	用 途
普通ブイヨン培地	肉エキス 10 g, ペプトン 10 g, NaCl 5 g, 水 1000 mL, pH 7.2〜7.4 に調整	一般細菌
普通寒天培地	普通ブイヨン培地に寒天 15 g を加える. pH 7.2〜7.4 に調整	
LB 培地	トリプトン 10 g, 酵母エキス 5 g, NaCl 10 g, 水 1000 mL, pH 7.2〜7.4 に調整	分子生物学研究（大腸菌など）
麦芽エキス培地	麦芽エキス 20 g, グルコース 20 g, ペプトン 10 g, 水 1000 mL, pH 6.0 に調整	菌類（酵母）
ジャガイモブドウ糖寒天培地（PDA 培地）	ジャガイモ 200〜400 g（煎汁), グルコース 20 g, 寒天 15 g, 水 1000 mL	
酵母エキス麦芽エキス寒天培地	酵母エキス 4 g, 麦芽エキス 10 g, グルコース 4 g, 寒天 18 g, 水 1000 mL, pH 7.3 に調整	放線菌

† 組成は標準的なものを示した．各種成分を配合した粉末培地も市販されている．

白金耳 platinum loop

使用する．微生物の移植には柄の先に白金線またはニクロム線を付けた**白金耳**（はっきんじ）を用い，ガスバーナーの炎で先端部を滅菌してから使用する（図 16・2）．

図 16・2 シリコン栓（左), 綿栓（中央）と白金耳（右 2 本)

希釈法 dilution method
画線法 streak method　線引き法ともいう．
コロニー colony　単一細胞由来の細菌培養細胞などが形成する細胞塊．
分離株 isolate
選択培地 selective medium
静置培養 static culture
振盪培養 shake culture
通気培養 aeration culture
回分培養 batch culture
連続培養 continuous culture
光学顕微鏡 light microscope
分解能 resolving power　2 点を見分けることができる最小の距離．
油浸オイル immersion oil
位相差顕微鏡 phase contrast microscope
微分干渉顕微鏡 differential interference contrast microscope

細菌や菌類を分離するには，目的の微生物を含む懸濁液を希釈し，平板培地で単独のコロニーにして選別する．分離は通常は**希釈法**か**画線法**によって行う（図 16・3）．単独の**コロニー**から目的の微生物が得られたら，それを適切な培地で純粋培養して**分離株**とする．分離には，特定の微生物群だけが増殖できるようにした**選択培地**を用いることも多い．嫌気性菌を培養するには，培地を窒素や二酸化炭素で満たした嫌気的環境に置く必要がある．

液体培地による培養の方式にも，培地に撹乱を与えない**静置培養**，培地を容器ごと揺り動かす**振盪培養**（しんとう），培地中に気体を与え続けて培養する**通気培養**などがある．また，培地を満たして終了時までそのまま培養する**回分培養**（かいぶん）のほか，培地成分を一定の速度で交換しながら培養を続ける**連続培養**もある．

16・2　顕微鏡による観察

肉眼では観察できない微生物の形態は，光学顕微鏡や電子顕微鏡で観察できる．**光学顕微鏡**では，ガラスレンズにより可視光を屈折させて像を得る．細菌などの微小な微生物細胞を観察するには，**分解能**を向上させるために対物レンズの先端とカバーガラスとの間を**油浸オイル**で満たして観察することが多い．菌類や藻類などのほぼ透明な細胞を観察する場合は，**位相差顕微鏡**や**微分干渉顕微鏡**を用いると明

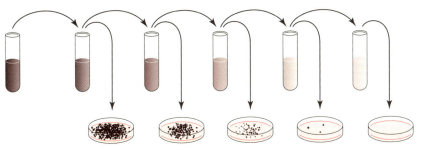
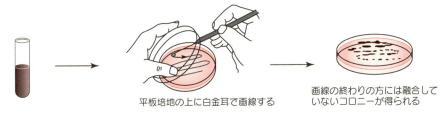

図 16・3 希釈法（上）と画線法（下）

瞭なコントラストが得られる．光学顕微鏡観察ではより明瞭な像を得るために，さまざまな**染色法**が開発されてきた．**グラム染色**は細菌を表層構造の違いによって2群に大別できるもので，現在でも広く使われる（図 16・4）．細胞の内部構造を調べるには，特定のタンパク質などを蛍光色素で標識して観察する**蛍光顕微鏡**や**共焦点レーザー顕微鏡**なども使用される．

染色法 staining
グラム染色 Gram stain
蛍光顕微鏡 fluorescence microscope
共焦点レーザー顕微鏡 confocal laser scanning microscope

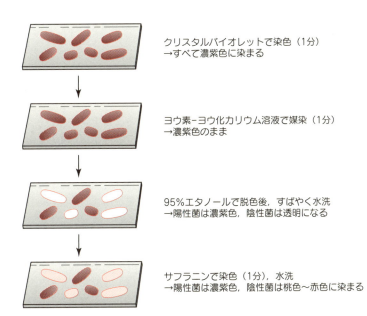

図 16・4 **グラム染色** スライドガラス上に細菌液を薄く広げて風乾し，バーナーの炎で軽くあぶって固定し，上の手順で染色し，光学顕微鏡で観察する．

ミクロメーター micrometer

光学顕微鏡観察による長さの測定には，**ミクロメーター**を使うことが多い．接眼レンズの中に入れた接眼ミクロメーターの1目盛を対物ミクロメーターを用いて正確に計測し，それを基準として対象物を計測する．

電子顕微鏡 electron microscope
透過型電子顕微鏡 transmission electron microscope, TEM
走査型電子顕微鏡 scanning electron microscope, SEM

電子顕微鏡はレンズの代わりに電磁コイルによって電子線を屈折させて試料の形態を拡大するもので，**透過型電子顕微鏡**（TEM）では蛍光板またはイメージセンサー上に像を結ばせる．**走査型電子顕微鏡**（SEM）は試料表面に照射した電子線によって放出された二次電子を検出してディスプレー上に像を結ばせる（図16・5）．TEM はおもに切片試料の観察に使われ，細胞内部の微細構造などを観察できる．SEM では試料の表面構造を観察できる．

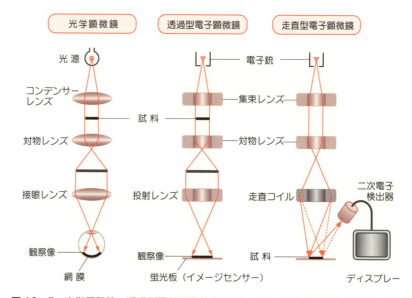

図 16・5　光学顕微鏡，透過型電子顕微鏡（TEM），走査型電子顕微鏡（SEM）の原理

16・3　同　定

同定 identification

研究を進めるには，対象としている微生物がどんなものかを特定する必要がある．対象微生物を分類体系に位置づけ，種を決定することを**同定**という．微生物のなかには研究が不十分で分類群が未確定なため，属までは決定できても種名を明らかにできないことがあり，その場合は"属名"＋"sp."とする．同定を試みた結果，既存の分類群に該当しないことが明らかになった場合は，学術雑誌に詳しい性質を公表し，新種として記載する．同定はさまざまな性質を調査し，既存の微生物についての情報と一致するかどうかを検討しながら作業を進める．同定に必要な調査項目は，分類群ごとにさまざまである．

細菌は，以前はコロニーの色や形状，菌体の大きさ，形状や鞭毛の有無と数，グラム染色性，色素産生性，酸素要求性，呼吸様式，糖類分解能などの生化学的性質などによって分類されてきた．近年は，分子系統学的情報が蓄積され，とくに16S rRNA の塩基配列による分子系統解析が重視され，同定には DNA-DNA ハイブリダイゼーションも必須とされるようになっている．

16・4 定量と保存

細菌などの微生物の増殖量を測定するには，希釈平板法などさまざまな方法がある（表16・2）．

表16・2 微生物増殖量のおもな測定法

測定法	方法と特徴
希釈平板法	試料の懸濁液を段階希釈して寒天培地と混ぜて平板にし，培養後に現れるコロニー数に希釈率を乗じて生菌数を求める．
顕微鏡計測法	懸濁液中の菌数を光学顕微鏡を用いて計測する．菌類胞子などについてはトーマの血球計算盤を使うが，そのスライドガラスの中央部のくぼみに試料を滴下し，格子区画内の菌数を計測して算出する．
濁度測定法	細菌や酵母などの液体試料中の菌数を透過光の吸光度として分光光度計を用いて計測する．微生物の密度が高い場合には希釈して測定する．
乾燥重量測定法	菌体を遠心分離や沪過で集め，100℃付近で乾燥させるかデシケーター中で減圧して十分に乾燥させて重量を測る．菌類のように細胞数を測れない試料について用いることが多い．
細胞成分測定法	微生物細胞内の細胞成分は細胞数と比例するので，ATPや核酸などの量を測定することにより生物量を算出できる．
PCR測定法	微生物の特定遺伝子をPCR法またはリアルタイムPCR法により増幅し，生物量を算出する．

細菌や菌類を生きた状態で保存するには，通常は一定温度で**継代**培養する．これは菌株を一定期間ごとに斜面培地に植継ぐものであるが，継代中に菌の性質が変化したり，雑菌に汚染されるという欠点もある．**凍結**は微生物の性質を変化させることなく，代謝を停止させて長期間保存できる方法である．−20〜−80℃のディープフリーザーや−196℃の液体窒素中で保存する．融解時に細胞が破壊されることを防ぐために，10% DMSO（ジメチルスルホキシド）などの保護剤を添加する．一方，**凍結乾燥**は，微生物培養液をそのままかあるいは短冊状の沪紙片に吸着させてからガラスアンプルに入れ，真空凍結乾燥機で減圧下で凍結乾燥してアンプルを密封する．スキムミルクなどの分散媒を加えることが多い．保管スペースも小さくてすみ，常温で長期間保存できる．パン酵母のドライイーストや清酒用の麹などは，微生物細胞を凍結乾燥したものが商業的に流通している．

微生物株保存機関は，研究や教育などに利用される多様な微生物株を収集，保存し，菌株の分譲と情報提供を行う機関で，国内外に多数ある．新種などの微生物を発見した場合には学術雑誌に記載して公表するとともに，適切な保存機関に寄託して保存されるようにする必要がある．

継代 subculture

凍結 freezing

凍結乾燥 freeze-drying

微生物株保存機関 culture collection 日本では製品評価技術基盤機構バイオテクノロジーセンター（NBRC）などがある．日本微生物資源学会（JSMRS）のウェブサイトから検索できる．

16・5 滅菌と消毒

滅菌とは，対象物に含まれる微生物量を限りなくゼロに近づける操作である．殺菌も同様に使われるが，厳密には微生物を死滅させる操作をいう．**消毒**は，対象物に含まれる微生物量を害がないレベルまで低下させる操作である．滅菌に対して，微生物の増殖を抑制することを**静菌**とよぶ．

滅菌 sterilization

消毒 disinfection

静菌 bacteriostasis

微生物のおもな滅菌法を，表 16・3 にまとめた．

表 16・3　おもな滅菌法

操作法	用途と特徴
加熱による滅菌	
高温高圧滅菌	芽胞形成菌を含む多様な微生物や液体培地など．オートクレーブ（高圧蒸気滅菌器）による湿熱滅菌では，2 気圧の飽和水蒸気により温度を 121 ℃ まで上昇させて 20 分以上加熱することにより，対象物の水分を保持したまま比較的短時間で滅菌できる．
乾熱滅菌	芽胞形成菌を含む多様な微生物やガラス製実験器具など．乾熱滅菌器により 180 ℃ で 30 分以上（または 160 ℃ で 1 時間以上）処理する．
火炎滅菌	白金耳，ピンセット，培養容器の口やふたなど．ガスバーナーの炎にかざして滅菌する．
加熱以外による滅菌	
紫外線滅菌	クリーンベンチや医療器具，食品工場の製造ラインなど．紫外線ランプを 20 分〜1 時間点灯して照射する．
X 線・γ 線滅菌	プラスチック製医療器具など．コバルト 60 などの線源からの放射線を一定時間以上照射する．
ガス滅菌	プラスチック製実験器具，内視鏡など．酸化エチレン（エチレンオキシド）のガス中に 2〜4 時間置き，アルキル化により滅菌する．残留ガスの除去が必要．
化学的滅菌	プラスチック製実験器具や実験台，実験者の手指など．70 % エタノールや逆性せっけん液などを塗布して洗浄する．
除　菌	
沪過滅菌	ビタミン類や抗生物質など加熱滅菌により失活する物質．細菌の菌体が通過できない孔径 0.22 μm のメンブレンフィルターで沪過する．ウイルスやマイコプラズマなどは除去できない．

16・6　実験の安全とバイオセーフティ

　微生物学の実験ではさまざまな微生物とともに，化学薬品や実験装置を使用する．いずれも正しく扱わないと大きな危険をもたらすことがあるので，実験の前に十分に危険性を学び，不確かなことがなくなった状態で実験に臨もう．白衣の着用はもちろん，実験内容によっては手袋やマスク，保護メガネが必要になる．万一の場合に備えて，火災や地震への対応や応急処置法なども知っておく必要がある．危険な薬品や廃棄物を捨てる場合も定められたルールに従う．

バイオハザード biohazard　生物危害，生物災害ともいう．

バイオセーフティレベル biosafety level, BSL

バイオテロ bioterrorism

カルタヘナ法 Cartagena Law　正式には"遺伝子組換え生物等の使用等の規制による生物の多様性の確保に関する法律"．

　微生物の中にはヒトに危険なものも多い．有害生物による危険性は**バイオハザード**という．微生物には危険度に応じて**バイオセーフティレベル** 1〜4 が設定され，それらの取扱いは対応した設備をもつ実験室で適切な手順に従って行うことになる．炭疽菌やボツリヌス菌などの危険な微生物は，**バイオテロ**に悪用される可能性があるので厳重に管理しなければならない．

　遺伝子組換え実験を行う際にはいわゆる**カルタヘナ法**に従うことが義務づけられており，大学などのそれぞれの機関で定められたルールを厳格に守る必要がある．また，ヒトや動植物に有害な微生物の輸入や扱いは法令上制限されている．たとえ

ば，日本の農作物に危険な国外の微生物を輸入する場合には，農林水産省植物防疫所から許可を得る必要がある．

ま と め

- 目的の微生物を自然界から取出す操作を分離といい，通常は培地に移してから目的の微生物を選別し，それを純粋培養して行う．
- 培地は微生物の生育に必要な栄養素を含む液体か，あるいはそれに寒天などを加えて固形化したものである．
- 肉眼では観察できない微生物の形態は，光学顕微鏡や電子顕微鏡で観察できる．
- 対象微生物を分類体系に位置づけ，種を決定することを同定という．
- 細菌などの微生物の増殖量を測定するには，希釈平板法などさまざまな方法がある．
- 微生物の保存法には継代培養法，凍結法，凍結乾燥法などがある．
- 滅菌は対象物に含まれる微生物量を限りなくゼロに近づける操作で，高温高圧滅菌などさまざまな方法がある．
- 微生物の増殖を抑制することを静菌とよぶ．
- 微生物の取扱いではルールに従い，安全性に十分に配慮して行う必要がある．

おもな参考図書

大学学部生の学修に特に役立つと思われる図書を以下に示すので，できるだけ多くにふれてみてほしい．

教科書・入門書

- 坂本順司，"微生物学 — 地球と健康を守る"，裳華房 (2008).
- 青木健次編著，"微生物学（基礎生物学テキストシリーズ 4）"，化学同人 (2007).
- 堀越弘毅監修，井上 明編，"ベーシックマスター 微生物学"，オーム社 (2006).
- 扇元敬司，"バイオのための基礎微生物学"，講談社サイエンティフィク (2002).
- J. ブラック著，神谷 茂ほか訳，"ブラック微生物学 第 3 版"，丸善出版 (2014).
- R. Y. スタニエほか著，高橋 甫ほか訳，"微生物学 入門編"，培風館 (1980).
- J. F. ウィルキンソン著，大隅正子監訳，"微生物学入門 — 微生物と生活科学（基礎微生物学 1）"，培風館 (1989).
- H. ゲスト著，高桑 進訳，"微生物の世界"，培風館 (1991).

微生物の性質・分類

- R. W. ベック著，嶋田甚五郎，中島秀喜監訳，"微生物学の歴史 I，II（科学史ライブラリー）"，朝倉書店 (2004).
- A. H. ノール著，斉藤隆央訳，"生命 最初の 30 億年 — 地球に刻まれた進化の足跡"，紀伊國屋書店 (2005).
- 小川 真，"カビ・キノコが語る地球の歴史 — 菌類・植物と生態系の進化"，築地書館，東京 (2013).
- R. ダン著，田中敦子訳，"アリの背中に乗った甲虫を探して — 未知の生物に憑かれた科学者たち"，ウェッジ (2009).
- J. ポストゲート著，堀越弘毅，浜本哲郎訳，"スーパーバグ（超微生物）— 生命のフロンティアたち"，シュプリンガー・フェアラーク東京 (1995).
- B. ディクソン著，堀越弘毅ほか訳，"ケネディを大統領にした微生物"，シュプリンガー・フェアラーク東京 (1995).
- N. マネー著，小川 真訳，"チョコレートを滅ぼしたカビ・キノコの話 — 植物病理学入門"，築地書館 (2008).
- N. マネー著，小川 真訳，"ふしぎな生きものカビ・キノコ — 菌学入門"，築地書館 (2007).
- 小川 真，"キノコの教え（岩波新書）"，岩波書店 (2012).
- 岡田吉美，"ウイルスってなんだろう（岩波ジュニア新書）"，岩波書店 (2005).
- J. ポストゲート著，関 文威訳，"社会微生物学 — 人類と微生物との調和生存"，共立出版 (1993).
- 国立科学博物館編，"菌類のふしぎ — 形とはたらきの驚異の多様性 第 2 版（国立科学博物館叢書 9）"，東海大学出版会 (2014).
- L. マルグリス，K. V. シュヴァルツ著，川島誠一郎，根平邦人訳，"図説・生物界ガイド 五つの王国"，日経サイエンス社 (1987).

微生物と人間生活

- 岡田晴恵，"感染症は世界史を動かす（ちくま新書）"，筑摩書房 (2006).
- 井上 栄，"感染症 — 広がり方と防ぎ方（中公新書）"，中央公論新社 (2006).
- J. M. バリー著，平澤正夫訳，"グレート・インフルエンザ"，共同通信社 (2005).
- W. ビドル著，春日倫子訳，"ウイルスたちの秘められた生活 — 決定版ウイルス百科（角川文庫）"，角川書店 (2009).
- 上野川修一，"免疫と腸内細菌（平凡社新書）"，平凡社 (2003).
- 村尾澤夫，荒井基夫編，"応用微生物学 改訂版"，培風館 (1993).
- 村尾澤夫ほか，"くらしと微生物 改訂版"，培風館 (1993).
- 日本農芸化学会編，"人に役立つ微生物のはなし（くらしの中の化学と生物 8）"，学会出版センター (2002).
- 日本農芸化学会編，"お酒のはなし — 酒はいきもの（くらしの中の化学と生物 2）"，学会出版センター (1994).

和 文 索 引

あ

アイ 112
IR 配列 38
IS 因子 38
アオカビ (*Penicillium*) 83, 107
アオコ 59
アカウキクサ (*Azolla*) 43, 60
赤潮 (red tide) 40, 59, 73, 74, 76
アカパンカビ (*Neurospora crassa*) 83
アカントアメーバ 71
アーキア→古細菌
悪性腫瘍 90
アクチノバクテリア類 (Actinobacteria) 64
アクチンフィラメント (actin filament) 21
アクラシス類 (Acrasida, Acrasinomycetes) 76
アクリジン誘導体 (acridine derivative) 35
アグロバクテリウム法 (agrobacterium-mediated plant transformation) 115
アーケプラスチダ (Archaeplastida) 54
アジア風邪 98
亜硝酸 119
亜硝酸酸化細菌 (nitrite oxidizing bacteria) 61, 119
アセチル CoA (acetyl-CoA) 28
アセチルコエンザイム A (アセチル補酵素 A) (acetyl coenzyme A) 28
圧力 (pressure) 32
アデノウイルス (adenovirus, Adenoviridae) 99, 101
アナベナ (アナバエナ) (*Anabaena*) 59
アナモルフ (anamorph) 81
アナモルフ菌類 (anamorphic fungi) 81
アーバスキュラー菌根 (arbuscular mycorrhiza) 42, 82
アーバスキュラー菌根菌 (arbuscular mycorrhizal fungi, AM 菌) 115
アピコプラスト 69
アピコンプレクサ類 (Apicomplexa) 69
アフラトキシン (aflatoxin B$_1$) 100
アブラムシ (aphid) 43
アフリカ睡眠病 (African trypanosomiasis, sleeping sickness) 69, 99, 102
アペール (Appert, N.) 7
アベルメクチン 114

アミノ酸 (amino acid) 27, 112
アミノ酸要求体 35
アメーバ (*Amoeba*) 70
アメーバ赤痢 (amebic dysentery) 71, 99
アメーバ類 (Amoebozoa) 70
アメーボゾア (Amoebozoa) 54
アリストテレス (Aristoteles) 7
RNA ワールド仮説 (RNA world hypothesis) 122
アルキル化剤 (alkylating agent) 35
アルキルベンゼンスルホン酸 (alkylbenzenesulfonic acid) 117
アルコール (alcohol) 112
アルコール発酵 25, 107, 112
アルファプロテオバクテリア (alphaproteobacteria) 60
アルベオラータ (Alveolata) 53
泡盛 108
アワモリコウジカビ (*Aspergillus awamori*) 108
暗回復 (dark repair) 36
暗黒期 (eclipse period) 89
紅酒 108
暗反応 (dark reaction) 27
アンモニア 119
アンモニア酸化細菌 (ammonia-oxidizing bacteria) 61, 119

い, う

硫黄 120
硫黄細菌 (sulfur bacteria) 26, 61
硫黄酸化細菌 25, 31, 100, 120
異化 (catabolism) 24
池田菊苗 11
医原性感染症 102
異質細胞 (heterocyst) 60
位相差顕微鏡 (phase contrast microscope) 128
一遺伝子一酵素説 (one gene-one enzyme hypothesis) 11
イチゴ腫 65
一段増殖 (one-step growth) 89
遺伝子型 (genotype) 34
遺伝子組換え実験 132
遺伝子工学 (genetic engineering) 11
遺伝子地図 (genetic map) 35
遺伝の組換え 37
イネばか苗病菌 (*Gibberella fujikuroi*) 83

イプシロンプロテオバクテリア (epsilonproteobacteria) 62
イベルメクチン 114
イワノフスキー (Ivanovsky, D.I.) 86
飲作用 (pinocytosis) 20
インジゴ (indigo) 112
インフルエンザ 99, 101
インフルエンザウイルス 99
ウイスキー 108
ヴィノグラドスキー (Winogradsky, S. N.) 10
ウイルス (virus) 3, 9, 22, 65, 86
ウイルスベクター (viral vector) 90
ウイルス粒子 (virus particle) 22, 88
ウイロイド (viroid) 91
植継ぎ→継代
ウシ海綿状脳症 (bovine spongiform encephalopathy, BSE) 91, 99
ウシ口蹄疫 86
ウーズ (Woese, C. R.) 51, 122
渦鞭毛藻 43
渦鞭毛藻類 (Dinoflagellata, Dinophyta) 74
渦鞭毛虫類 (Dinoflagellata) 69
うま味調味料 11

え, お

エイヴリー (アベリー) (Avery, O. T.) 11
エイズ (後天性免疫不全症候群) (AIDS) 90, 98, 101
エイムス法 (Ames test) 36
栄養要求変異体 (auxotroph) 35
AM 菌→アーバスキュラー菌根菌
A 型インフルエンザウイルス (*Influenza A virus*) 101
液胞 (vacuole) 21
エクスカバータ (Excavata) 53
A 群 β 溶血性レンサ球菌 (*Streptococcus pyogenes*) 63
SAR (Stramenopiles-Alveolata-Rhizaria) 53
SOS 修復 (SOS repair) 36
エチレンオキシド 132
X 線滅菌 132
Hfr 株 (Hfr strain) 38
ATP (adenosine triphosphate) 19, 24
NAD$^+$ (nicotinamide adenine dinudeotide) 25

和文索引

NADH（nicotinamide adenine dinudeotide） 25
NJ 法（近隣結合法） 50
エネルギー源 24
エネルギー生産 24
エピデミック（epidemic） 97
F⁺株（雄株）（F⁺ cell） 38
F⁻株（雌株）（F⁻ cell） 38
F 線毛（F pilus） 38
F プラスミド（F plasmid） 38
エボラ出血熱（Ebola hemorrhagic fever） 97〜99
エムデン・マイヤーホフ・パルナス経路（EMP 経路）（Embden-Meyerhof-Parnas pathway） 25
襟（collar） 71
エリスロマイシン 18
襟鞭毛虫類（Choanomorada, Choanozoa） 71
LB 培地 128
エールリヒ（Ehrlich, P.） 9
塩基（base） 27
塩基類似体（base analog） 35
円石藻 76
エンデミック（endemic） 97
エンテロトキシン（enterotoxin） 100
エンドサイトーシス（endocytosis） 20, 89
エントナー・ドゥドロフ経路（ED 経路）（Entner-Doudoroff pathway） 25
エンベロープ（envelope） 23, 88

黄金色藻類（golden algae） 73
黄色ブドウ球菌（Staphylococcus aureus） 44, 63, 99, 100
黄熱ウイルス（Yellow fever virus） 99, 102
黄熱病 99, 102
オウム病（psittacosis） 64, 99, 102
オウム病クラミジア（Chlamydia psittaci） 102
黄緑藻類 71
オオヒゲマワリ（Volvox carteri） 75
雄株（F⁺ 株） 38
オクロ植物（Ochrophyta） 73
オス殺し 45
オゾン層 122
オートクレーブ 132
オピストコンタ（Opisthokonta） 54
オリゴ糖（oligosaccharide） 113
オルピディウム（Olpidium） 82
温度（temperature） 31
温度感受性変異体（temperature sensitive mutant, ts mutant） 35

か

科（family） 49
回帰熱 65
介助ウイルス 91
灰色藻類（Glaucophyta） 74
外生菌根（ectomycorrhiza） 43
外生菌根菌 84
解糖系（glycolysis） 25
貝毒（shellfish poison） 74, 100
外被タンパク質（coat protein） 88
回分培養（batch culture） 128
外膜（outer membrane） 18
カエルツボカビ（Batrachochytrium dendrobatidis） 82
火炎滅菌 132
化学合成細菌 65
化学合成従属栄養生物（chemoheterotrophs） 24
化学合成生物（chemotrophs） 24
化学合成独立栄養生物（chemoautotrophs） 10, 24
化学的酸素要求量（chemical oxygen demand, COD） 116
化学的滅菌 132
核（nucleus） 20
核酸（nucleic acid） 27
核小体（nucleolus） 20
画線法（streak method） 10, 128
核タンパク質（nucleoprotein） 88
学名（scientific name） 49, 50
核様体（nucleoid） 19
カサノリ（Acetabularia） 75
かすがい連結（clamp connection） 84
ガス滅菌 132
かぜ 99
かつお節（dried bonito） 111
活性汚泥法（activated sludge process） 117
褐藻類（brown algae） 73
褐虫藻（zooxanthellae） 74
滑面小胞体（smooth endoplasmic reticulum） 21
カニャール・ドゥ・ラ・トゥール（Cagniard de la Tour, C.） 8
芽胞（spore） 8, 19, 62
芽胞形成菌 103
鎌状赤血球症 102
カマンベール 111
下面発酵酵母 108
顆粒（granule） 19
カルタヘナ法（Cartagena Law） 132
カルバペネム耐性腸内細菌（carbapenem-resistant enterbacteriaceae, CRE） 113
カワチコウジカビ（Aspergillus kawachii） 108
がん遺伝子（oncogene） 90
肝がん 90
環境条件 31
がん原遺伝子（proto-oncogene） 90
感染（infection） 45
感染型食中毒 99
感染症（infectious disease） 6, 45, 97
乾燥重量測定法 131

缶詰 103
寒天培地（agar medium, agar plate） 10
乾熱滅菌 132
乾熱滅菌器 132
カンピロバクター（Campylobacter） 32, 62
カンピロバクター（Campylobacter jejuni/coli） 99
カンピロバクター症 99
乾物（dry foods） 104
γ 線（gamma ray） 104
γ 線滅菌 132
ガンマプロテオバクテリア（gammaproteobacteria） 61

き〜け

キイロタマホコリ（Dictyostelium discoideum） 78
ギガスポラ（Gigaspora） 82
キコウジカビ（Aspergillus oryzae） 108〜111
キゴキブリ（Cryptocercus） 43, 68
キサンタンガム（xanthan gum） 113
基質レベルのリン酸化（substrate-level phosphorylation） 25
希釈平板法 131
希釈法（dilution method） 10, 128
キシラン（xylan） 20
寄生（parasitism） 42, 45
寄生者（parasite） 45
北里柴三郎 9
キチン（chitin） 20
キックセラ類 81
キノコ 111
逆位（inversion） 34
逆位反復配列（inverted repeat） 38
逆転写酵素（reverse transcriptase） 90
キャバリエ＝スミス（Cavalier-Smith, T.） 51
キャプシド（capsid） 22, 88
急性灰白髄炎→ポリオ
牛乳 103
キュッツィング（Kützing, F. T.） 8
狂犬病 99, 102
狂犬病ウイルス（Rabies virus） 99, 102
共焦点レーザー顕微鏡（confocal laser scanning microscope） 129
共生（symbiosis） 42
共生進化 72
競争（competition） 41
莢膜（capsule） 18
供与細胞（donor cell） 37
巨大ウイルス 88
菌根（mycorrhiza） 42
菌糸体（mycelium） 83
近隣結合法（neighbor-joining method） 50
菌類（fungi, fungus） 3, 25, 81

グアノ 120
空気感染 101
クオラムセンシング（quorum sensing） 45
組換え修復（recombination repair） 36
クモノスカビ（*Rhizopus*） 83, 107
クラドスポリウム（*Cladosporium*） 105
クラミジア類（Clamydiae） 64
グラム陰性菌（Gram-negative bacteria） 18
グラム染色（Gram stain） 18, 129
グラム陽性菌（Gram-positive bacteria） 18
グリコシド結合（glycosidic bond） 27
クリステ（crista） 21
グリフィス（Griffith, F.） 11
クリプトスポリジウム（*Cryptosporidium hominis*） 69, 101
クリプトスポリジウム（*Cryptosporidium parvum*） 69
クリプトスポリジウム症 101
クリプト藻類（cryptista, cryptophyte） 75
グルカン（glucan） 20
クレンアーキオータ類（Crenarchaeota） 67
クロイツフェルト・ヤコブ病（Creutzfeldt-Jakob disease） 91, 99, 102
黒沢栄一 11
クロストリジウム（*Clostridium*） 32, 44, 63
くろほ病菌 84
クロミスタ（Chromista） 53
グロムス（*Glomus*） 82
グロムス型胞子（glomerospore） 82
グロムス菌類（Glomusmycota） 43, 82
クロラムフェニコール 21
クロララクニオン藻類（Chlorarachniophyta） 74
クロレラ（chlorella, Chlorella） 113
クロロビウム類（Chlorobi） 60
クロロフレクサス類（Chloroflexi） 59
経気道感染症 101
蛍光顕微鏡（fluorescence microscope） 129
形質転換（transformation） 11, 37
形質導入（transduction） 38
珪藻類（diatoms） 73
継代（subculture） 36, 131
系統樹（phylogenic tree） 51, 122
経皮感染症 101
ケカビ（*Mucor*） 83, 107
ケカビ類（Mucoromycotina） 82
ケカムリ類 68
下水処理（sewage treatment） 116
結核（tuberculosis） 64, 98, 101
結核菌（*Mycobacterium tuberculosis*） 32, 64, 101
欠失（deletion） 34

原栄養体（prototroph） 35
原核生物（prokaryote） 3, 17, 56
嫌気呼吸（anaerobic respiration） 26
嫌気性（anaerobic） 8
嫌気性菌（anaerobes） 31
原形質分離（plasmolysis） 31
原形質流動（cytoplasmic streaming） 20
原形質連絡（plasmodesm(a)） 90
原始生命体 122
原生生物（protist） 3, 51, 122
原生動物（protozoa） 25, 68
顕微鏡 10, 128
顕微鏡計測法 131

こ

綱（class） 49
好圧菌（barophiles） 32
高圧蒸気滅菌器 132
好アルカリ性菌（alkalophiles） 31
好塩菌（halophiles） 32
高温高圧滅菌 132
光学顕微鏡（light microscope） 10, 128
好気呼吸（aerobic respiration） 26
好気性（aerobic） 8
好気性菌（aerobes） 31
抗菌物質 11
光合成（photosynthesis） 26
光合成硫黄細菌 120
光合成細菌 65
光合成従属栄養生物（photoheterotrophs） 24
光合成色素 72
光合成生物（phototrophs） 24
光合成独立栄養生物（photoautotrophs） 24
好酸性菌（acidophiles） 31
麹（koji） 107, 108
コウジカビ（*Aspergillus*） 83, 105, 107
高次分類 50
後熟酵母 111
紅色硫黄細菌（purple sulfur bacteria） 25, 26, 62
紅色藻類（red algae, Rhodophyta） 75
紅色非硫黄細菌（purple nonsulfur bacteria） 25, 60
好浸透圧菌（osmophiles） 31
抗生物質（antibiotics） 97, 113
酵素（enzyme） 9, 24, 113
紅藻類 71
後天性免疫不全症候群（acquired immune deficiency syndrome） 90, 101
高度好塩菌 66
好熱菌（thermophiles） 31
高病原性鳥インフルエンザ（highly pathogenic avian influenza） 97, 98
酵母 19, 26, 38, 44, 108
酵母エキス麦芽エキス寒天培地 128
光リン酸化（photophosphorylation） 26

五界説 51
呼吸（respiration） 26
古細菌（アーキア）（archaebacteria） 3, 17, 25, 51, 56, 66, 122
古細菌ドメイン（Domain Archaea） 51, 57, 122
枯草菌（*Bacillus subtilis*） 32, 63, 111
コッホ（Koch, R.） 9
コッホの原則（Koch's postulates） 9
固定化酵素（immobilized enzyme） 114
コリネバクテリウム（*Corynebacterium*） 64
ゴルジ体（Golgi body） 21
コレラ（cholera） 98～100
コレラ菌（*Vibrio cholerae*） 31, 62, 100
コロニー（colony） 128
混成酒（compounded alcoholic beverages） 107, 108
根頭がん腫病 61
コンピテント細胞（competent cell） 37
根粒（root nodule） 43, 64
根粒菌（root-nodule bacteria） 32, 60, 115, 119

さ

細菌（バクテリア）（bacteria） 3, 17, 25, 56, 122
細菌性赤痢 99
細菌ドメイン（Domain Bacteria） 51, 57, 122
再興感染症（re-emerging infectious disease） 97
細胞骨格（cytoskeleton） 21
細胞質（cytoplasm） 18, 20
細胞小器官（organelle） 17
細胞性粘菌（cellular slime mold） 76
細胞成分測定法 131
細胞内共生 72
細胞内共生説（endosymbiosis theory） 22
細胞分裂（cell division） 29
細胞壁（cell wall） 18, 20
細胞膜（cell membrane） 17, 20
最尤法（maximum likelihood estimation） 50
サイレージ（silage） 112
サカゲツボカビ類（Hyphochytrida, Hyphochytridiomycetes） 78
酢酸菌 26, 60, 111, 113
SARS（重症急性呼吸器症候群） 98
サテライトウイルス（satellite virus） 91
サテライト核酸（satellite nucleic acid） 91
砂糖漬け（sugaring） 104
さび病菌 84
サルモネラ菌（*Salmonella enterica*） 99
サルモネラ症 99
酸化エチレン 132

和文索引

酸化的リン酸化（oxidative phosphorylation） 26
酸素呼吸（oxygen respiration） 26
酸素耐性菌（aerotolerant anaerobes） 31
酸素発生型光合成（oxygenic photosynthesis） 27
酸素非発生型光合成（inoxygenic photosynthesis） 27
3ドメイン説 51
酸敗（acidification） 103
残留性有機汚染物質（persistent organic pollutants, POPs） 117

し

シアノバクテリア 22, 25, 26, 42, 71, 122
シアノバクテリア類（Cyanobacteria） 59
CA貯蔵（controlled atmosphere storage） 104
塩漬け（salting） 104
紫外線（ultraviolet, UV） 32, 35, 104
紫外線滅菌 132
志賀赤痢菌（*Shigella dysenteriae*） 61, 100
C型肝炎 99, 102
C型肝炎ウイルス（*Hepatitis C virus*, HCV） 90, 99, 102
志賀毒素 62
篩管（sieve tube） 90
子宮頸がん 90, 99, 101
シクロデキストリン（cyclodextrin） 113
シクロヘキシミド 21
p,p′-ジクロロジフェニルトリクロロエタン（DDT） 117
自己消化（autolysis） 103
GC含量（GC content） 49
脂質（lipid） 28
子実体（fruit(ing) body） 76
脂質二重層（lipid bilayer） 17
自然発生説（spontaneous generation） 7
至適（最適）温度（optimum temperature） 31
至適（最適）pH 31
子嚢（ascus） 83
子嚢菌類（Ascomycota） 42, 83
子嚢胞子（ascospore） 83
ジフテリア（diphteria） 64, 99
ジフテリア菌（*Corynebacterium diphtheriae*） 64
ジフテリア毒素 64
ジベレリン 11
脂肪酸（fatty acid） 28
縞状鉄鉱床 122
ジメチルスルホキシド（DMSO） 131
ジャガイモ疫病菌（*Phytophthora infestans*） 79
ジャガイモブドウ糖寒天培地 128

ジャガイモやせいもウイロイド 91
シャコガイ（giant clam, Tridacninae） 43
車軸藻類 75
シャジクモ 75
斜面培地（slant medium） 127
シャーレ（schale） 10
種（species） 49
集積培養（enrichment culture） 10
従属栄養生物（heterotrophs） 24
宿主（host） 45, 97
宿主寄生者間相互作用（host-parasite interaction） 45, 97
出芽（budding） 29
出芽酵母 83
酒母 109
受容細胞（recipient cell） 37
シュワン（Schwann, T.） 8
純粋培養 10, 127
傷害（injury） 97
硝化細菌（nitrifying bacteria） 25, 26, 119
浄化槽（septic tank） 117
紹興酒 108
常在微生物相（normal microflora） 44
硝酸 119
硝酸還元細菌 26
硝石（niter） 112
醸造酒（fermented alcoholic beverages） 107, 108
焼酎 108
消毒（disinfection） 7, 131
消費期限（use by date） 104
小胞体（endoplasmic reticulum, ER） 21
賞味期限（best before date） 104
上面発酵酵母 108
醤油（soy sauce） 110
蒸留酒（distilled alcoholic beverages） 107, 108
除去修復（excision repair） 36
食作用（phagocytosis） 20
食酢（vinegar） 110
食中毒（food poisoning） 99
食品添加物（food additive） 104
シリカ（silica） 20
シリコン栓（silicone rubber stopper） 127
シロアリ（termite） 43, 68
進化 34, 46
深海（deep-sea） 40
真核生物（eukaryote） 3, 17, 20, 56, 122
真核生物ドメイン（Domain Eukaryota, Eukarya） 51, 57, 122
シンキトリウム（*Synchytrium*） 82
真菌 81
真菌類 81
新興感染症（emerging infectious disease） 97
人獣共通感染症（zoonosis） 102
真正細菌（eubacteria） 51
真正粘菌類（Myxogastria, Myxogastromycetes） 77

振盪培養（shake culture） 128

す～そ

水圏（hydrosphere） 40
水質汚染（water pollution） 116
スイゼンジノリ（*Aphanothese sacrum*） 60
水素細菌（hydrogen-oxidizing bacteria） 25, 26, 61
垂直伝播（vertical transmission） 37
水分（moisture） 31
水平伝播（horizontal transmission） 37
髄膜炎（meningitis） 61
スクレイピー（scrapie） 91
スタチン 114
スタンリー（Stanley, W. M.） 86
ストラメノパイル（Stramenopile） 53
ストレプトマイシン（streptomycin） 18, 21, 113
ストレプトミケス（streptomyces, *Streptomyces*） 64
ストロマ（stroma） 21
スパイク（spike） 23
スーパーグループ（supergroup） 51
スパランツァーニ（Spallanzani, L.） 7
スピルリナ（spirulina, *Arthrospira*, *Spirulina*） 60, 114
スピロプラズマ（*Spiroplasma*） 45, 63
スピロヘータ類（Spirochaetae） 64
スペイン風邪 98
スルフォロブス（*Sulfolobus*） 67

生育温度（growth temperature） 31
性感染症（sexually transmitted disease, STD） 101
性器クラミジア感染症（genital chlamydial infection） 64, 99
静菌（bacteriostasis） 131
清酒（seishu, sake） 109
成人T細胞白血病 90
性線毛（sex pilus） 38
静置培養（static culture） 128
生物化学的酸素要求量（biochemical oxygen demand, BOD） 116
生物間相互作用（interaction） 41
生物濃縮（bioconcentration） 117
生物発光（bioluminescence） 43
生物膜法（バイオフィルム法） （biofilm process） 117
生物劣化（biodeterioration） 104
生分解性プラスチック（biodegradable plastic） 117
世界的流行病 97
赤痢（dysentery） 61, 100
赤痢アメーバ（*Entamoeba histolytica*） 70, 100
赤痢菌（dysentery bacillus） 100
世代時間（generation time） 29

接合（conjugation） 29, 38
接合橋（conjugation bridge） 38
接合菌類（zygomycetes） 81
接合胞子（zygospore） 82
セフェム系抗生物質 113
セルロース（cellulose） 20
染色体（chromosome） 20
染色法（staining） 129
選択（selection） 36
選択培地（selective medium） 128
線毛（pilus） 19
繊毛（cilum） 22
繊毛虫類（Ciliophora, Ciliate） 38, 69
全有機炭素（total organic carbon, TOC） 116
走査型電子顕微鏡（scanning electron microscope, SEM） 10, 130
走磁性細菌（magnetotactic bacteria） 61
増殖（growth） 29
増殖因子（growth factor） 30
増殖曲線（growth curve） 30
挿入（insertion） 34
挿入配列（insertion sequence） 38
相利共生（mutualism） 42
ゾウリムシ（Paramecium） 70
藻類（algae） 71
属（genus） 49
鼠径リンパ肉芽腫 64
祖先原核細胞 22, 122
粗面小胞体（rough endoplasmic reticulum） 21

た

耐塩性酵母 32
ダイオキシン（dioxin） 118
大気圏（atmosphere） 40
代謝（metabolism） 24
対数増殖（logarithmic growth） 29
耐性変異体（resistant mutant） 35
大腸菌（Escherichia coli） 32, 37, 38, 44, 50, 61
大量絶滅 122
ダーウィン（Darwin, C. R.） 50
高峰譲吉 11
濁度測定法 131
多剤耐性菌 113
多細胞生物 122
脱アミノ剤（deaminating agent） 35
脱殻（uncoating） 89
Taq DNA ポリメラーゼ 31, 113
脱酸素剤（oxygen scavengers, oxygen absorbers） 104
脱窒（denitrification） 119
多糖類（polysaccharide） 113
タバコモザイクウイルス（TMV） 86
タマホコリカビ類（Dictyosteliida, Dictyosteliomycetes） 78

単行複発酵酒 107
単細胞タンパク質（single cell protein） 113
担子器（basidium） 84
担子菌類（Basidiomycota） 43, 84
担子胞子（basidiospore） 84
炭水化物→糖質
炭素 118
炭疽菌（Bacillus anthracis） 9, 63, 101
炭素源（carbon source） 24, 30
炭素循環（carbon cycle） 118
炭疽病（anthrax） 63, 99, 101
タンパク質（protein） 27
タンパク質ワールド仮説 122
単発酵酒 107
団粒構造（crumb structure） 41

ち

チアベンダゾール（TBZ） 105
地衣類（lichen） 42, 60, 75, 83
チェイス（Chase, M. C.） 11
地下（subsurface） 41
地圏（geosphere） 41
チーズ（cheese） 111
窒素 119
窒素ガス 119
窒素源（nitrogen source） 30
窒素固定（nitrogen fixation） 10, 61, 62, 64, 119
窒素循環（nitrogen cycle） 118
窒素肥料 119
膣トリコモナス（Trichomonas vaginalis） 68
膣トリコモナス症 99
チフス菌（Salmonella enterica serovar Typhi） 61
チマーゼ 9
中温菌（mesophiles） 31
中立（neutralism） 42
腸炎ビブリオ（Vibrio parahaemolyticus） 99
腸炎ビブリオ症（Vibrio parahaemolyticus infection） 62, 99
腸管出血性大腸菌（enterohemorrhagic Escherichia coli, EHEC） 61, 99
腸管出血性大腸菌感染症 98
腸管免疫 44
超高温瞬間殺菌（ultra-high-temperature sterilization） 103
超好熱菌（hyperthermophiles） 31, 66
頂端複合体（apical complex） 69
腸チフス（typhoid fever） 61, 99
腸内細菌（intestinal bacteria） 44
腸内細菌科（Enterobacteriaceae） 61
重複（duplication） 34
超鞭毛類 68
チラコイド（thylakoid） 21

沈降係数（sedimentation coefficient） 18

つ，て

通気培養（aeration culture） 128
通性嫌気性（facultative anaerobic） 8
通性嫌気性菌（facultative anaerobes） 31
漬け物（pickles） 111
ツツガムシ病（scrub typhus） 60
ツボカビ症 82
ツボカビ類（Chytridiomycota） 82
ツリガネムシ 70

DNA 修復（DNA repair） 36
DNA-DNA ハイブリダイゼーション（DNA-DNA hybridization） 49
DNA ワールド仮説 122
低温菌（psychrophiles） 31
低温殺菌（pasteurization） 8, 103
低温殺菌牛乳 103
低温長時間殺菌（low-temperature long-time sterilization） 103
ディーナー（Diener, T. O.） 91
デイノコックス-テルムス類（Deinococcus-Thermus） 59
T4 ファージ 88
呈味性ヌクレオチド（gustatory nucleotides） 112
ティンダル（Tyndall, J.） 8
適応（adaptation） 36
デキストラン（dextran） 113
テキーラ 108
テータム（Tatum, E. L.） 11
鉄細菌 26
鉄酸化細菌 25, 115
テトラヒメナ 70
デトリタス（detritus） 3
テトロドトキシン（tetrodotoxin） 100
テネリクテス類（テネルキューテス類，モリテクス類）（Tenericutes） 63
デルタプロテオバクテリア（deltaproteobacteria） 62
テルモコックス（Thermococcus） 67
テルモプラズマ（Thermoplasma） 67
テルモプロテウス（Thermoproteus） 67
テレオモルフ（teleomorph） 81
転移因子（transposable element） 38, 92
デングウイルス（Dengue virus） 99, 102
デング熱 99, 102
電子顕微鏡（electron microscope） 10, 130
電子受容体（electron acceptor） 25
電子伝達系（electron transfer system） 26
転写（transcription） 27
伝染病→感染症
天然痘（痘瘡） 99, 101
点変異（point mutation） 34

と

同化(anabolism) 24
透過型電子顕微鏡(transmission electron microscope, TEM) 10, 130
同義変異(synonymous mutation) 34
凍結乾燥(freeze-drying) 104, 131
凍結(freezing) 131
糖質(carbohydrate, saccharide) 27
糖新生(gluconeogenesis) 27
痘瘡ウイルス(smallpox virus, *Variola virus*) 99, 101
冬虫夏草 83
同定(identification) 130
動物媒介感染症 102
トキソプラズマ(*Toxoplasma gondii*) 69
トキソプラズマ症 69
特殊形質導入(specialized transduction) 38
毒性ファージ(virulent phage) 38
毒素型食中毒 100
独立栄養生物(autotrophs) 24
突然変異(mutation) 34
突然変異体(mutant) 34
突然変異率(mutation rate) 34
ド・バリー(de Bary, A.) 9
トーマの血球計算盤 131
ドメイン(domain) 51, 122
留 添 109
トラコーマ(trachoma) 64, 99
トラコーマクラミジア(*Chlamydia trachomatis*) 101
トランスフェクション(transfection) 37
トランスポザーゼ(transposase) 38
トランスポゾン(transposon) 38, 92
トリコモナス症(trichomoniasis) 68
トリパノソーマ原虫(*Trypanosoma brucei*) 69, 102
トリモチカビ類 81
トレハロース(trehalose) 113

な 行

内生胞子(endospore) 8, 19
ナイセリア(*Neisseria*) 61
仲 添 109
納豆(natto) 111
納豆菌(*Bacillus natto*) 111
ナンセンス変異(nonsense mutation) 35
肉質虫類 68
二語名法(binomial nomenclature) 50
二酸化炭素 118
二倍体(diploid) 34
ニパウイルス感染症 98

二分裂(binary division) 29
ニホンコウジカビ→キコウジカビ
日本酒 109
日本脳炎 99
日本脳炎ウイルス(*Japanese encephalitis virus*) 99, 102
乳酸桿菌(ラクトバチルス)(*Lactobacillus*) 45, 63
乳酸菌 26, 32, 44, 63, 111
乳児ボツリヌス症 63, 100
ヌクレオキャプシド(nucleocapsid) 88
ヌクレオシド(nucleoside) 27
ヌクレオチド(nucleotide) 27
ヌクレオモルフ(nucleomorph) 72, 74
ヌメリスギタケ(*Pholiota adiposa*) 84
ネコブカビ(*Plasmodiophora brassicae*) 77
ネコブカビ類(Plasmodiophorida, Plasmodiophoromytes) 77
熱水噴出孔(hydrothermal vent) 40
粘液細菌(myxobacteria) 62
粘液層(slime layer) 18
ネンジュモ(*Nostoc*) 59
ノロウイルス(*Norovirus*) 99, 100
ノロウイルス症 99

は

肺炎(pneumonia) 63, 99
肺炎レンサ球菌(*Streptococcus pneumoniae*) 37, 63
バイオエタノール(bioethanol) 112
バイオオーグメンテーション (bioaugmentation) 117
バイオスティミュレーション (biostimulation) 117
バイオセーフティレベル (biosafety level, BSL) 132
バイオセンサー(biosensor) 114
バイオテロ(bioterrorism) 132
バイオハザード(biohazard) 132
バイオフィルム(biofilm) 40
バイオリアクター(bioreactor) 114
バイオレメディエーション (bioremediation) 117
胚種説(germ theory) 7
培地(medium) 127
白 酒 108
梅毒(syphilis) 64, 99
梅毒トレポネーマ(*Treponema pallidum*) 64
培養基 127
ハエカビ類 81
ハオリムシ(tube worm) 41
麦芽(malt) 107
麦芽エキス培地 128

バクテリア→細菌
バクテリアリーチング (bacterial leaching) 115
バクテリオシン(bacteriocin) 115
バクテリオファージ(bacteriophage) 38, 86
バクテリオロドプシン (bacteriorhodopsin) 66
バクテロイデス(*Bacteroides*) 44, 65
バクテロイデス類(Bacteroidetes) 65
HACCP(Hazard Analysis and Critical Control Point) 104
ハーシー(Hershey, A. D.) 11
バージェイ細菌分類便覧(*Bergey's Manual of Systemic Bacteriology*) 58
はしか→麻疹
破傷風(tetanus) 63, 99, 101
破傷風菌(*Clostridium tetani*) 63, 101
パスツール(Pasteur, L.) 7
秦佐八郎 9
八界説 51
バチルス(bacillus, *Bacillus*) 63
麦角菌(*Claviceps*) 83
白金耳(platinum loop) 128
発酵(fermentation) 6, 8, 25, 103, 107～114
発酵工業生産 112
発酵調味料 110
発酵乳製品 111
発疹チフス(epidemic typhus) 60, 99
初 添 109
ハーバー・ボッシュ法 119
ハプト藻類(Haptophyta) 76
ハプト鞭毛 76
パーミアーゼ(permease) 17
パラチフス(paratyphoid fever) 61
パラバサリア類(Parabasalia) 68
バリル(Burrill, T. J.) 9
ハロバクテリウム(*Halobacterium*) 66
パン(bread) 111
パン酵母 32, 108, 111
バンコマイシン耐性腸球菌 (vancomycin-resistant *Enterococcus*, VRE) 113
反芻胃(rumen) 44
半数体(haploid) 34
パンスペルミア仮説 122
ハンセン病(Hansen's disease, leprosy) 64, 99
パンデミック(pandemic) 97

ひ

火入れ 8, 109
pH 31
火落ち 63
ビオチン 44
被殻(frustules) 73
B型肝炎 99

B型肝炎ウイルス（Hepatitis B virus, HBV）　90, 99, 102
光回復（photorepair, photoreactivation）　32, 36
微好気性菌（microaerophiles）　31
PCR測定法　131
微小管（microtubule）　21
ヒスタミン　100
微生物（microorganism, microbe）　3
——の分布　40
微生物学（microbiology）　3, 4
微生物株保存機関（culture collection）　131
微生物雲　40
微生物農薬（microbial pesticide）　115
ビタミン（vitamin）　30
ビタミンK　44
PDA培地　128
BT剤　115
Bt毒素（Bt toxin）　63
人食いバクテリア　63
ヒトT細胞白血病ウイルス1型　90
ヒトパピローマウイルス（Human papillomavirus, HPV）　90, 99, 102
ヒト免疫不全ウイルス（Human immunodeficiency virus, HIV）　90, 99, 101
ビードル（Beadle, G. W.）　11
泌尿生殖器感染症　101
ビフィズス菌　44
微分干渉顕微鏡（differential interference contrast microscope）　128
微胞子虫類（Microspora）　71
ヒポクラテス（Hippocrates）　6
飛沫（droplet）　101
飛沫核（droplet nuclei）　101
飛沫感染　101
百日咳（pertussis）　61, 99
病気（disease）　6, 9, 45, 97
表現型（phenotype）　34
病原性（pathogenicity）　45
病原体（pathogen）　45, 97
表皮ブドウ球菌　44
日和見感染（opportunistic infection）　97
ビリオン（virion）　22, 88
ピリミジン塩基　27
ピリミジン二量体（pyrimidine dimer）　35
微量元素（trace element）　30
ピリン（pilin）　19
ビール（beer）　108
ピルビン酸（pyruvic acid）　25
ビルレンス（virulence）　45
ピロリ菌（Helicobacter pylori）　62
ピンタ　65

ふ〜ほ

ファイトプラズマ（phytoplasma）　63
ファージ→バクテリオファージ
VA菌根（vesicular-arbuscular mycorrhiza）　42
フィルミクテス類（Firmicutes）　62
風疹　99, 101
風疹ウイルス（Rubella virus）　99, 101
風土病　97
封入体（inclusion body）　19
富栄養化（eutrophication）　40, 119
フェロモン（pheromone）　45
不完全菌類（imperfect fungi）　81
複合顕微鏡（compound microscope）　10
フグ毒（fugu toxin）　100
複発酵酒　107
腐生者（saprophyte）　45
普通寒天（nutrient agar）　10
普通寒天培地　128
普通形質導入（general transduction）　38
普通ブイヨン（nutrient broth）　10
普通ブイヨン培地　128
フック（Hook, R.）　10
物質循環　10
ブドウ球菌（Staphylococcus）　32, 63
不等毛植物（heterokonphyta）　53
不等毛藻類（Heterokontophyta）　73
不等毛類（heterokonta）　53
ブートストラップ値（bootstrap values）　50
腐敗（putrefaction）　103
ブフナー（Buchner, E.）　8
ブフネラ（Buchnera）　43, 62
フラジェリン（flagellin）　19
プラスミド（plasmid）　19, 38, 92
フランキア（Frankia）　64
プランクトン（plankton）　40
プリオン（prion）　91, 99, 102
プリン塩基　27
プルジナー（Prusiner, S. B.）　91
フレミング（Fleming, A.）　11
フレームシフト変異（frameshift mutation）　35
プロセスチーズ　111
プロテオバクテリア類（Proteobacteria）　22, 60
プロバイオティクス（probiotics）　44
プロピオン酸菌（Propinibacterium）　44, 64, 111
プロファージ（prophage）　38
フローラ（flora）　44
分解能（resolving power）　128
分子系統解析（molecular phylogenetics）　49, 130
分生胞子（conidium）　83
分離（isolation）　127
分離株（isolate）　128
分類（classification）　49
分類階級　49
分類学（taxonomy）　49
分類群（taxon）　49

ベイエリンク（Beijerinck, M. W.）　9, 86
並行複発酵酒　107
平板培地（plate medium）　127
ベクター（vector）　114
ベジェル　65
ペスト（plague）　61, 98, 102
ペスト菌（Yersinia pestis）　61, 102
ベータプロテオバクテリア（betaproteobacteria）　61
β-ラクタム系抗生物質　18, 113
ペプチド結合（peptide bond）　27
ヘッケル（Haeckel, E. H.）　51
ペトリ皿（Petri dish）　10
紅麹　108
ベニコウジカビ　108
ペニシリン（penicillin）　11, 113
ペプチドグリカン（peptidoglycan）　18
ペリプラズム（periplasm）　18
ベーリング（Behring, E. A. von）　9
ペルオキシソーム（peroxysome）　21
ヘルパーウイルス（helper virus）　91
ベロ毒素1型　62
変異　34
変異原（mutagen）　35
変異原性（mutagenicity）　36
変形菌類（myxomycete）　76
偏性嫌気性菌（obligate anaerobes）　31
偏性好気性菌（obligate aerobes）　31
ペントース（pentose）　27
変敗（spoilage）　103
鞭毛（flagellum）　19, 22
鞭毛菌類（Mastigomycetes, zoosporic fungi）　78
鞭毛虫類　68
片利共生（commensalism）　42

ホイッタカー（Whittaker, R. H.）　51
放散虫類（Radiolaria, Radiozoa）　70
胞子（spore）　29, 76
泡室（alveole）　53
放射線（radiation）　32, 35
補酵素（coenzyme）　30
ホシヅナ（Baculogypsina sphaerulata）　70
ホスホジエステル結合（phosphodiester bond）　27
保存料（preservative）　104
ボツリヌス菌（Clostridium botulinum）　63, 100
ボツリヌス症　99
ボツリヌス毒素（botulinum toxin）　63, 100
ホモ酢酸菌　26
ホモ乳酸発酵　25
ポリ塩素化ビフェニル（polychlorinated biphenyl, PCB）　117
ポリオ（急性灰白髄炎）　99, 100
ポリオウイルス（Poliovirus）　90, 99, 100
ポリソーム（polysome）　21
ポリミクサ（Polymyxa）　77
ポリリボソーム（polyribosome）　21
ボルバキア（Wolbachia）　45, 60

和文索引

香港風邪　98
翻訳開始（translation initiation）　27

ま 行

マイコトキシン（mycotoxin）　100
マイコバクテリア（*Mycobacterium*）　64
マイコプラズマ（mycoplasma, *Mycoplasma*）　63, 65
マイコプラズマ肺炎　63
マーギュリス（Margulis, L.）　22, 51
膜融合（membrane fusion）　89
膜輸送体（membrane transporter）　17
麻疹（はしか）　99, 101
麻疹ウイルス（*Measles virus*）　99, 101
マトリックス（matrix）　21
マラリア（malaria）　69, 99, 102
マラリア原虫（*Plasmodium*）　69, 102
マールブルグ病　98
マンナン（mannan）　20

ミクロフィラメント（microfilament）　21
ミクロメーター（micrometer）　130
ミスセンス変異（missense mutation）　34
味噌（miso）　110
ミトコンドリア（mitochondria）　21, 60, 122
ミドリムシ（ユーグレナ）（euglena）　72, 114
ミドリムシ類（Euglenozoa）　69
ミネラル（mineral）　30
ミミウイルス　88
ミュラー（Müller, P. H.）　117
ミラルデ（Millardet, P. M. A.）　9
みりん（mirin）　111

無機呼吸（inorganic respiration）　26
ムラサキホコリ　77
ムレイン（murein）　18

明反応（light reaction）　27
雌株（F⁻株）　38
メタノコックス（*Methanococcus*）　66
メタノバクテリウム（*Methanobacterium*）　66
メタン　118
メタン菌　25, 26, 32, 66, 118
メチシリン耐性黄色ブドウ球菌（methicillin-resistant *Staphylococcus aureus*, MRSA）　113
滅菌（sterilization）　7, 103, 131
メトヘモグロビン血症（methemoglobinemia）　119
綿栓（cotton plug）　127

メンブレンフィルター　132

目（order）　49
木材腐朽菌　84
モジホコリ（*Physarum polycephalum*）　77
モチ麹　108
酛　109
モネラ界（Kingdom Monera）　56
モリクテス類→テネリクテス類
もろみ（moromi）　108
門（phylum）　49

や 行

薬剤耐性（drug resistance）　97
薬剤耐性遺伝子（drug resistance gene）　38
ヤコウチュウ（*Noctiluca scintillans*）　69
野生型（wild type）　35

有殻アメーバ　70
有機酸（organic acid）　112
有孔虫類（Foraminifera）　70
有性生殖（sexual reproduction）　37, 122
遊走子（zoospore）　77
ユーグレナ（ミドリムシ）（*Euglena*）　72, 114
ユーグレナ藻類（Euglenophyta）　72
油浸オイル（immersion oil）　128
輸送体（transporter）　17
ユリアーキオータ類（Euryarchaeota）　66
ユレモ（*Oscillatoria*）　59

溶菌（bacteriolysis）　37
溶原化（lysogenization）　38
溶原性ファージ（temperate phage）　38
葉緑体（chloroplast）　21, 71, 122
ヨーグルト（yog(h)urt）　111

ら～わ

らい菌（*Mycobacterium leprae*）　64
ライノウイルス（rhinovirus）　99, 101
ライム病　65
ラウス肉腫ウイルス　90
酪酸菌　26, 32
ラクトバチルス（乳酸桿菌）（*Lactobacillus*）　45, 63
ラッサ熱（Lassa fever）　97～99
ラッパムシ　70
ラビリンチュラ類（Labyrinthulea, Labyrinthulomycetes）　77
ラフィド藻類（raphidophytes）　73

ラム　108
卵菌類（Oomycota, Oomycetes）　78
藍藻（blue-green algae）　59
藍藻類　71
卵胞子　79

リケッチア（rickettsia）　60, 65
リザリア（Rhizaria）　53
リスター（Lister, J.）　9
リソソーム（lysosome）　21
リボソーム（ribosome）　18, 21
硫化水素　120
硫化物　120
流行病　97
硫酸　120
硫酸還元細菌（sulfate-reducing bacteria）　26, 62, 120
緑色硫黄細菌（green sulfur bacteria）　25, 26, 60
緑色糸状性細菌（green filamentous bacteria）　59
緑色藻類（green algae, Chlorophyta）　25, 26, 42, 75
緑色非硫黄細菌（green nonsulfur bacteria）　25, 26, 59
緑藻類　71
緑膿菌（*Pseudomonas aeruginosa*）　32, 62
リン　120
リン灰石　120
リン酸カルシウム　120
リン酸鉄　120
リンネ（Linné, C. von）　50
淋病（gonorrhea）　61, 99

冷水湧出帯（cold seep）　40
冷蔵（refrigeration）　104
冷凍（freezing）　104
レーウェンフック（Leeuwenhoek, A. van）　6
レディ（Redi, F.）　7
レトルト食品　103
レトロウイルス（retrovirus）　90
レプリカ（プレート）法（replica (plating) method）　35
レンサ球菌　44
連続培養（continuous culture）　128
レンチウイルス　90
レンネット（rennet）　111

濾過滅菌　132
ロックフォール　111
ローリングサークル（rolling circle）　91
ロングライフ牛乳　103

ワイン（wine）　108
ワクチン（vaccine）　97
和名　50

欧 文 索 引

A

Acanthometron pellucidum 70
Acetabularia（カサノリ） 75
acetic acid bacteria（酢酸菌） 60
Acetobacter
── *aceti* 60, 111
── *xylinum* 60, 113
acetyl-CoA（アセチル CoA） 28
acetyl coenzyme A（アセチルコエンザイム A, アセチル補酵素 A） 28
acidification（酸敗） 103
Acidithiobacillus 62
── *ferrooxidans* 115
── *thiooxidans* 31
acidophiles（好酸性菌） 31
acquired immune deficiency syndrome（後天性免疫不全症候群） 90, 101
Acrasida（アクラシス類） 76
Acrasinomycetes（アクラシス類） 76
acridine derivative（アクリジン誘導体） 35
actin filament（アクチンフィラメント） 21
Actinobacteria（アクチノバクテリア類） 64
activated sludge process（活性汚泥法） 117
adaptation（適応） 36
Adenoviridae（アデノウイルス） 101
adenovirus（アデノウイルス） 101
aeration culture（通気培養） 128
aerobes（好気性菌） 31
aerobic（好気性） 8
aerobic respiration（好気呼吸） 26
aerotolerant anaerobes（酸素耐性菌） 31
aflatoxin B_1（アフラトキシン） 100
African trypanosomiasis（アフリカ睡眠病） 69
agar medium（寒天培地） 10
agar plate（寒天培地） 10
agrobacterium-mediated plant transformation（アグロバクテリウム法） 115
Agrobacterium tumefaciens 61, 115
AIDS（エイズ） 90, 101
alcohol（アルコール） 112
Alexandrium 100
algae（藻類） 71
alkalophiles（好アルカリ性菌） 31

alkylating agent（アルキル化剤） 35
alkylbenzenesulfonic acid（アルキルベンゼンスルホン酸） 117
alphaproteobacteria（アルファプロテオバクテリア） 60
Alteromonas 100
Alveolata（アルベオラータ） 53
alveole（泡室） 53
amebic dysentery（アメーバ赤痢） 71
Ames test（エイムス法） 36
amino acid（アミノ酸） 27, 112
ammonia-oxidizing bacteria（アンモニア酸化細菌） 61
Amoeba（アメーバ） 70
── *proteus* 70
Amoebozoa（アメーボゾア） 54
Amoebozoa（アメーバ類） 70
Anabaena（アナベナ，アナバエナ） 59, 100
── *azollae* 60
anabolism（同化） 24
anaerobes（嫌気性菌） 31
anaerobic（嫌気性） 8
anaerobic respiration（嫌気呼吸） 26
anamorph（アナモルフ） 81
anamorphic fungi（アナモルフ菌類） 81
anthrax（炭疽病） 63
antibiotics（抗生物質） 97, 113
Aphanothece sacrum（スイゼンジノリ） 60
aphid（アブラムシ） 43
apical complex（頂端複合体） 69
Apicomplexa（アピコンプレクサ類） 69
Appert, N.（アペール） 7
arbuscular mycorrhiza（アーバスキュラー菌根） 42
arbuscular mycorrhizal fungi（アーバスキュラー菌根菌, AM 菌） 115
archaebacteria（古細菌，アーキア） 3, 17, 51, 56, 66
Archaeplastida（アーケプラスチダ） 54
Aristoteles（アリストテレス） 7
Arthrospira（スピルリナ） 60, 114
Ascomycota（子嚢菌類） 83
ascospore（子嚢胞子） 83
ascus（子嚢） 83
Aspergillus（コウジカビ） 83, 105, 107
── *awamori*（アワモリコウジカビ） 108
── *flavus* 100
── *glaucus* 32, 111
── *kawachii*（カワチコウジカビ） 108

── *oryzae*（キコウジカビ, ニホンコウジカビ） 108～111
── *sojae* 110
atmosphere（大気圏） 40
ATP（アデノシン三リン酸） 19, 24
autolysis（自己消化） 103
autotrophs（独立栄養生物） 24
auxotroph（栄養要求変異体） 35
Avery, O. T.（エイヴリー，アベリー） 11
Azolla（アカウキクサ） 43
Azotobacter 62

B

bacillus（バチルス） 63
Bacillus（バチルス） 19, 63, 113
── *anthracis*（炭疽菌） 63, 99, 101
── *natto*（納豆菌） 111
── *subtilis*（枯草菌） 63, 111
── *thuringiensis* 63, 115
bacteria（細菌，バクテリア） 3, 17, 56
bacterial leaching（バクテリアリーチング） 115
bacteriocin（バクテリオシン） 115
bacteriolysis（溶菌） 37
bacteriophage（バクテリオファージ） 38, 86
bacteriorhodopsin（バクテリオロドプシン） 66
bacteriostasis（静菌） 131
Bacteroides（バクテロイデス） 64
Bacteroidetes（バクテロイデス類） 65
Baculogypsina sphaerulata（ホシズナ） 70
barophiles（好圧菌） 32
base（塩基） 27
base analog（塩基類似体） 35
Basidiomycota（担子菌類） 84
basidiospore（担子胞子） 84
basidium（担子器） 84
batch culture（回分培養） 128
Batrachochytrium dendrobatidis（カエルツボカビ） 82
Beadle, G. W.（ビードル） 11
beer（ビール） 108
Behring, E. A. von（ベーリング） 9
Beijerinck, M. W.（ベイエリンク） 9, 86
Bergey's Manual of Systemic Bacteriology（バージェイ細菌分類便覧） 58
best before date（賞味期限） 104

欧文索引　145

betaproteobacteria（ベータプロテオバクテリア）61
binary division（二分裂）29
binomial nomenclature（二語名法）50
bioaugmentation（バイオオーグメンテーション）117
biochemical oxygen demand（生物化学的酸素要求量）116
bioconcentration（生物濃縮）117
biodegradable plastic（生分解性プラスチック）117
biodeterioration（生物劣化）104
bioethanol（バイオエタノール）112
biofilm（バイオフィルム）40
biofilm process（生物膜法，バイオフィルム法）117
biohazard（バイオハザード）132
bioluminescence（生物発光）43
bioreactor（バイオリアクター）114
bioremediation（バイオレメディエーション）117
biosafety level（バイオセーフティレベル）132
biosensor（バイオセンサー）114
biostimulation（バイオスティミュレーション）117
bioterrorism（バイオテロ）132
blue-green algae（藍藻）59
BOD（生物化学的酸素要求量）116
bootstrap values（ブートストラップ値）50
Bordetella pertussis 61, 99
Borrelia 65
Botrytis 84
—— *cinera* 108
botulinum toxin（ボツリヌス毒素）63
bovine spongiform encephalopathy（ウシ海綿状脳症）91
Bradyrhizobium 43, 61
bread（パン）111
brown algae（褐藻類）73
BSE（ウシ海綿状脳症）91
BSL（バイオセーフティレベル）132
Bt toxin（Bt毒素）63
Buchner, E.（ブフナー）8
Buchnera（ブフネラ）43, 62
budding（出芽）29
Burrill, T. J.（バリル）9

C

Cagniard de la Tour, C.（カニャール・ドゥ・ラ・トゥール）8
Campylobacter（カンピロバクター）62
—— *jejuni/coli*（カンピロバクター）99
Candida versatilis 111
capsid（キャプシド）22, 88
capsule（莢膜）18

carbapenem-resistant enterbacteriaceae（カルバペネム耐性腸内細菌）113
carbohydrate（糖質）27
carbon cycle（炭素循環）118
carbon source（炭素源）30
Cartagena Law（カルタヘナ法）132
catabolism（異化）24
Cavalier-Smith, T.（キャバリエ-スミス）51
cell division（細胞分裂）29
cell membrane（細胞膜）17, 20
cellular slime mold（細胞性粘菌）76
cellulose（セルロース）20
cell wall（細胞壁）18, 20
Chase, M. C.（チェイス）11
cheese（チーズ）111
chemical oxygen demand（化学的酸素要求量）116
chemoautotrophs（化学合成独立栄養生物）10, 24
chemoheterotrophs（化学合成従属栄養生物）24
chemotrophs（化学合成生物）24
chitin（キチン）20
Chlamidomonas 75
Chlamydia
—— *psittaci*（オウム病クラミジア）64, 99, 102
—— *trachomatis*（トラコーマクラミジア）64, 99, 101
Chlamydiae（クラミジア類）64
Chlorarachnion 74
Chlorarachniophyta（クロララクニオン藻類）74
chlorella（クロレラ）113
Chlorella（クロレラ）113
Chlorobi（クロロビウム類）60
Chloroflexi（クロロフレクサス類）59
Chlorophyta（緑色藻類）75
chloroplast（葉緑体）21
Choanomorada（襟鞭毛虫類）71
Choanozoa（襟鞭毛虫類）71
cholera（コレラ）62
Chromista（クロミスタ）53
chromosome（染色体）20
Chytridiomycota（ツボカビ類）82
Ciliate（繊毛虫類）69
Ciliophora（繊毛虫類）69
cilum（繊毛）22
Cladosporium（クラドスポリウム）145
clamp connection（かすがい連結）84
class（綱）49
classification（分類）49
Claviceps（麦角菌）83
Clostridium（クロストリジウム）19, 63
—— *botulinum*（ボツリヌス菌）63, 99, 100
—— *tetani*（破傷風菌）63, 99, 101
coat protein（外被タンパク質）88
COD（化学的酸素要求量）116
Codosiga botrytis 71

coenzyme（補酵素）30
cold seep（冷水湧出帯）40
collar（襟）71
colony（コロニー）128
commensalism（片利共生）42
competent cell（コンピテント細胞）37
competition（競争）41
compounded alcoholic beverages（混合酒）107
compound microscope（複合顕微鏡）10
confocal laser scanning microscope（共焦点レーザー顕微鏡）129
conidium（分生胞子）83
conjugation（接合）29, 38
conjugation bridge（接合橋）38
continuous culture（連続培養）128
controlled atmosphere storage（CA貯蔵）104
Corynebacterium（コリネバクテリウム）64
—— *ammoniagenes* 112
—— *diphtheriae*（ジフテリア菌）64, 99
—— *glutamicum* 64, 112
cotton plug（綿栓）127
CRE（カルバペネム耐性腸内細菌）113
Crenarchaeota（クレンアーキオータ類）67
Creutzfeldt-Jakob disease（クロイツフェルト・ヤコブ病）91
crista（クリステ）21
crumb structure（団粒構造）41
cryptista（クリプト藻類）75
Cryptocercus（キゴキブリ）43
Cryptomonas 75
cryptophyte（クリプト藻類）75
Cryptosporidium
—— *hominis*（クリプトスポリジウム）69, 101
—— *parvum*（クリプトスポリジウム）69
culture collection（微生物株保存機関）131
Cupriavidus 61
Cyanobacteria（シアノバクテリア類）59
Cyanophora 74
cyclodextrin（シクロデキストリン）113
cytoplasm（細胞質）18, 20
cytoplasmic streaming（原形質流動）20
cytoskeleton（細胞骨格）21

D，E

dark reaction（暗反応）27
dark repair（暗回復）36
Darwin, C. R.（ダーウィン）50
DDT（*p, p'*-dichlorodiphenyltrichloroethane）117

deaminating agent（脱アミノ剤）35
de Bary, A.（ド・バリー）9
deep-sea（深海）40
Deinococcus radiodurans 32, 59
Deinococcus-Thermus
　　（デイノコックス-テルムス類）59
delction（欠失）34
deltaproteobacteria
　　（デルタプロテオバクテリア）62
Dengue virus（デングウイルス）102
denitrification（脱窒）119
Desulfovibrio 62
detritus（デトリタス）3
dextran（デキストラン）113
diatoms（珪藻類）73
Dictyosteliida（タマホコリカビ類）78
Dictyosteliomycetes（タマホコリカビ類）78
Dictyostelium discoideum
　　（キイロタマホコリ）78
Diener, T. O.（ディーナー）91
differential interference contrast
　　microscope（微分干渉顕微鏡）128
dilution method（希釈法）10, 128
Dinobryon 74
Dinoflagellata（渦鞭毛虫類）69
Dinoflagellata（渦鞭毛藻類）74
Dinophysis 100
Dinophyta（渦鞭毛藻類）74
dioxin（ダイオキシン）118
diphteria（ジフテリア）64
diploid（二倍体）34
disease（病気）6, 45, 97
disinfection（消毒）7, 131
distilled alcholic beverages（蒸留酒）107
DMSO（ジメチルスルホキシド）131
DNA-DNA hybridization（DNA-DNAハイブリダイゼーション）49
DNA repair（DNA修復）36
domain（ドメイン）51
Domain Archaea（古細菌ドメイン）51, 57
Domain Bacteria（細菌ドメイン）51, 57
Domain Eukaryota (Eukarya)（真核生物ドメイン）51, 57
donor cell（供与細胞）37
dried bonito（かつお節）111
droplet（飛沫）101
droplet nuclei（飛沫核）101
drug resistance（薬剤耐性）97
drug resistance gene（薬剤耐性遺伝子）38
dry foods（乾物）104
duplication（重複）34
dysentery（赤痢）61
dysentery bacillus（赤痢菌）100

Ebola hemorrhagic fever（エボラ出血熱）97
eclipse period（暗黒期）89
ectomycorrhiza（外生菌根）43
EHEC（腸管出血性大腸菌）99
Ehrlich, P.（エールリヒ）9
electron acceptor（電子受容体）25
electron microscope（電子顕微鏡）10, 130
electron transfer system（電子伝達系）26
Embden-Meyerhof-Parnas pathway
　　（エムデン・マイヤーホフ・パルナス経路，EMP経路）25
emerging infectious disease（新興感染症）97
endemic（エンデミック）97
endocytosis（エンドサイトーシス）20, 89
endoplasmic reticulum（小胞体）21
endospore（内生胞子）8, 19
endosymbiosis theory（細胞内共生説）22
enrichment culture（集積培養）10
Entamoeba histolytica（赤痢アメーバ）70, 99, 100
Enterobacteriaceae（腸内細菌科）61
enterohemorrhagic *Escherichia coli*（腸管出血性大腸菌）61, 99
enterotoxin（エンテロトキシン）100
Entner-Doudoroff pathway（エントナー・ドゥドロフ経路，ED経路）25
envelope（エンベロープ）23, 88
enzyme（酵素）9, 24, 113
epidemic（エピデミック）97
epidemic typhus（発疹チフス）60
epsilonproteobacteria（イプシロンプロテオバクテリア）62
ER（小胞体）21
Escherichia coli（大腸菌）50, 61, 99
eubacteria（真正細菌）51
euglena（ユーグレナ，ミドリムシ）72, 114
Euglena（ユーグレナ，ミドリムシ）72, 114
Euglenophyta（ユーグレナ藻類）72
Euglenozoa（ミドリムシ類）69
eukaryote（真核生物）3, 17, 56
Euryarchaeota（ユリアーキオータ類）66
eutrophication（富栄養化）40, 119
Excavata（エクスカバータ）53
excision repair（除去修復）36

F, G

facultative anaerobes（通性嫌気性菌）31
facultative anaerobic（通性嫌気性）8
family（科）49
fatty acid（脂肪酸）28
F⁻ cell（F⁻株）38

F^+ cell（F⁺株）38
fermentation（発酵）6, 25, 103
fermented alcholic beverages（醸造酒）107
Fibrillanosema crangonycis 71
Firmicutes（フィルミクテス類）62
flagellin（フラジェリン）19
flagellum（鞭毛）19, 22
Fleming, A.（フレミング）11
flora（フローラ）44
fluorescence microscope（蛍光顕微鏡）129
food additive（食品添加物）104
food poisoning（食中毒）99
Foraminifera（有孔虫類）70
F pillus（F線毛）38
F plasmid（Fプラスミド）38
frameshift mutation（フレームシフト変異）35
Frankia（フランキア）43, 64
freeze-drying（凍結乾燥）104, 131
freezing（冷凍）104
freezing（凍結）131
fruit(ing) body（子実体）76
frustules（被殻）73
fugu toxin（フグ毒）100
fungi（菌類）3
fungus（菌類）81

gammaproteobacteria（ガンマプロテオバクテリア）61
gamma ray（γ線）104
GC content（GC含量）49
general transduction（普通形質導入）38
generation time（世代時間）29
genetic engineering（遺伝子工学）11
genetic map（遺伝子地図）35
genital chlamydial infection（性器クラミジア感染症）64
genotype（遺伝子型）34
genus（属）49
Geobacillus stearothermophilus 31
geosphere（地圏）41
Gephyrocapsa 76
germ theory（胚種説）7
giant clam（シャコガイ）43
Gibberella fujikuroi（イネばか苗病菌）83
Gigaspora（ギガスポーラ）82
Glaucophyta（灰色藻類）74
Globigerina bulloides 70
glomerospore（グロムス型胞子）82
Glomus（グロムス）82
Glomusmycota（グロムス菌類）82
glucan（グルカン）20
gluconeogenesis（糖新生）27
glycolysis（解糖系）25
glycosidic bond（グリコシド結合）27
golden algae（黄金色藻類）73
Golgi body（ゴルジ体）21
gonorrhea（淋病）61

Gonyaulax tamarensishiwo 74
Gram-negative bacteria（グラム陰性菌） 18
Gram-positive bacteria（グラム陽性菌） 18
Gram stain（グラム染色） 18, 129
granule（顆粒） 19
green algae（緑色藻類） 75
green filamentous bacteria（緑色糸状性細菌） 59
green nonsulfur bacteria（緑色非硫黄細菌） 59
green sulfur bacteria（緑色硫黄細菌） 60
Griffith, F.（グリフィス） 11
growth（増殖） 29
growth curve（増殖曲線） 30
growth factor（増殖因子） 30
growth temperature（生育温度） 31
gustatory nucleotides（呈味性ヌクレオチド） 112

H

Haeckel, E. H.（ヘッケル） 51
Halobacterium（ハロバクテリウム） 66
halophiles（好塩菌） 32
Hansen's disease（ハンセン病） 64
Hansenula 108
haploid（半数体） 34
Haptophyta（ハプト藻類） 76
HBV（B 型肝炎ウイルス） 102
HCV（C 型肝炎ウイルス） 102
Helicobacter pylori（ピロリ菌） 62
Heliobacterium 63
helper virus（ヘルパーウイルス） 91
Hepatitis B virus（B 型肝炎ウイルス） 102
Hepatitis C virus（C 型肝炎ウイルス） 102
Hershey, A. D.（ハーシー） 11
heterocyst（異質細胞） 59
heterokonphyta（不等毛植物） 53
heterokonta（不等毛類） 53
Heterokontophyta（不等毛藻類） 73
Heterosigma akashiwo 74
heterotrophs（従属栄養生物） 24
Hfr strain（Hfr 株） 38
highly pathogenic avian influenza（高病原性鳥インフルエンザ） 97
Hippocrates（ヒポクラテス） 6
HIV（ヒト免疫不全ウイルス） 90, 101
Hook, R.（フック） 10
horizontal transmission（水平伝播） 37
host（宿主） 45, 97
host-parasite interaction（宿主寄生者間相互作用） 45, 97
HPV（ヒトパピローマウイルス） 102
Human immunodeficiency virus（ヒト免疫不全ウイルス） 90, 101
Human papillomavirus（ヒトパピローマウイルス） 102
hydrogen-oxidizing bacteria（水素細菌） 61
hydrosphere（水圏） 40
hydrothermal vent（熱水噴出孔） 40
hyperthermophiles（超好熱菌） 31
Hyphochytrida（サカゲツボカビ類） 78
Hyphochytridiomycetes（サカゲツボカビ類） 78

I〜L

identification（同定） 130
immersion oil（油浸オイル） 128
immobilized enzyme（固定化酵素） 114
imperfect fungi（不完全菌類） 81
inclusion body（封入体） 19
indigo（インジゴ） 112
infection（感染） 45
infectious disease（感染症） 6, 45, 97
Influenza A virus（A 型インフルエンザウイルス） 101
injury（傷害） 97
inorganic respiration（無機呼吸） 26
inoxygenic photosynthesis（酸素非発生型光合成） 27
insertion（挿入） 34
insertion sequence（挿入配列） 38
interaction（生物間相互作用） 41
intestinal bacteria（腸内細菌） 44
inversion（逆位） 34
inverted repeat（逆位反復配列） 38
isolate（分離株） 128
isolation（分離） 127
Ivanovsky, D. I.（イワノフスキー） 86

Japanese encephalitis virus（日本脳炎ウイルス） 102

Kingdom Monera（モネラ界） 56
Koch, R.（コッホ） 9
Koch's postulates（コッホの原則） 9
koji（麹） 107
Kützing, F. T.（キュッツィング） 8

Labyrinthulea（ラビリンチュラ類） 77
Labyrinthulomycetes（ラビリンチュラ類） 77
lactic acid bacteria（乳酸菌） 63
Lactobacillus（ラクトバチルス，乳酸桿菌） 45, 63, 108
── *acidophilus* 108
── *casei* 108
── *delbrueckii* subsp. *bulgaricus* 111
── *fermentum* 108
── *homohiochii* 63
── *sakei* 108
Lactococcs lactis 111

Lassa fever（ラッサ熱） 97
Leeuwenhoek, A. van（レーウェンフック） 6
leprosy（ハンセン病） 64
Leuconostoc 108, 113
── *mesenteroides* 108
lichen（地衣類） 42
light microscope（光学顕微鏡） 128
light reaction（明反応） 27
Linné, C. von（リンネ） 50
lipid（脂質） 28
lipid bilayer（脂質二重層） 17
Lister, J.（リスター） 9
logarithmic growth（対数増殖） 29
low-temperature long-time sterilization（低温長時間殺菌） 103
lysogenization（溶原化） 38
lysosome（リソソーム） 21

M

Magnetospirillum 61
── *magnetotacticum* 61
magnetotactic bacteria（走磁性細菌） 61
malaria（マラリア） 69
malt（麦芽） 107
mannan（マンナン） 20
Margulis, L.（マーギュリス） 22, 51
Mastigomycetes（鞭毛菌類） 78
matrix（マトリックス） 21
maximum likelihood estimation（最尤法） 50
Measles virus（麻疹ウイルス） 101
medium（培地） 127
membrane fusion（膜融合） 89
membrane transporter（膜輸送体） 17
meningitis（髄膜炎） 61
mesophiles（中温菌） 31
metabolism（代謝） 24
Methanobacterium（メタノバクテリウム） 66
Methanococcus（メタノコックス） 66
Methanopyrus 66
── *kandleri* 31
methemoglobinemia（メトヘモグロビン血症） 119
methicillin-resistant *Staphylococcus aureus*（メチシリン耐性黄色ブドウ球菌） 113
microaerophiles（微好気性菌） 31
microbe（微生物） 3
microbial pesticide（微生物農薬） 115
microbiology（微生物学） 3, 4
microfilament（ミクロフィラメント） 21
micrometer（ミクロメーター） 130
microorganism（微生物） 3
Microspora（微胞子虫類） 71
microtubule（微小管） 21

Millardet, P. M. A.（ミラルデ）9
mineral（ミネラル）30
mirin（みりん）111
miso（味噌）110
missense mutation（ミスセンス変異）34
mitochondria（ミトコンドリア）21
moisture（水分）31
molecular phylogenetics（分子系統解析）49
Monascus 108
moromi（もろみ）108
MRSA（メチシリン耐性黄色ブドウ球菌）113
Mucor（ケカビ）83, 107, 108
Mucoromycotina（ケカビ類）82
Müller, P. H.（ミュラー）117
murein（ムレイン）18
mutagen（変異原）35
mutagenicity（変異原性）36
mutant（突然変異体）34
mutation（突然変異）34
mutation rate（突然変異率）34
mutualism（相利共生）42
mycelium（菌糸体）83
Mycobacterium（マイコバクテリア）64
—— *leprae*（らい菌）64, 99
—— *tuberculosis*（結核菌）64, 99, 101
mycoplasma（マイコプラズマ）63
Mycoplasma（マイコプラズマ）63
—— *pneumoniae* 63, 99
mycorrhiza（菌根）42
mycotoxin（マイコトキシン）100
myxobacteria（粘液細菌）62
Myxococcus 62
Myxogastria（真正粘菌類）77
Myxogastromycetes（真正粘菌類）77
myxomycete（変形菌類）76

N, O

NAD⁺（nicotineamide adenine dinudeotide）25
NADH（nicotineamide adenine dinudeotide）25
natto（納豆）111
neighbor-joining method（近隣結合法）50
Neisseria（ナイセリア）61
—— *gonorrhoeae* 61, 99
—— *meningitidis* 61
Neurospora crassa（アカパンカビ）83
neutralism（中立）42
niter（硝石）112
nitrifying bacteria（硝化菌）119
nitrite oxidizing bacteria（亜硝酸酸化細菌）61
Nitrobacter 61, 119
nitrogen cycle（窒素循環）118

nitrogen fixation（窒素固定）10, 119
nitrogen source（窒素源）30
Nitrosomonas 61, 119
Noctiluca scintillans（ヤコウチュウ）69
nonsense mutation（ナンセンス変異）35
normal microflora（常在微生物相）44
Norovirus（ノロウイルス）100
Nostoc（ネンジュモ）59
nucleic acid（核酸）27
nucleocapsid（ヌクレオキャプシド）88
nucleoid（核様体）19
nucleolus（核小体）20
nucleomorph（ヌクレオモルフ）74
nucleoprotein（核タンパク質）88
nucleoside（ヌクレオシド）27
nucleotide（ヌクレオチド）27
nucleus（核）20
nutrient agar（普通寒天）10
nutrient broth（普通ブイヨン）10

obligate aerobes（偏性好気性菌）31
obligate anaerobes（偏性嫌気性菌）31
Ochrophyta（オクロ植物）73
Oenococcus 108
oligosaccharide（オリゴ糖）113
Olpidium（オルピディウム）82
oncogene（がん遺伝子）90
one gene-one enzyme hypothesis（一遺伝子一酵素説）11
one-step growth（一段増殖）89
Oomycetes（卵菌類）78
Oomycota（卵菌類）78
Opisthokonta（オピストコンタ）54
opportunistic infection（日和見感染）97
optimum temperature（至適（最適）温度）31
order（目）49
organelle（細胞小器官）17
organic acid（有機酸）112
Oscillatoria（ユレモ）59
osmophiles（好浸透圧菌）31
outer membrane（外膜）18
oxidative phosphorylation（酸化的リン酸化）26
oxygen absorbers（脱酸素剤）104
oxygenic photosynthesis（酸素発生型光合成）27
oxygen respiration（酸素呼吸）26
oxygen scavengers（脱酸素剤）104

P

pandemic（パンデミック）97
Parabasalia（パラバサリア類）68
Paramecium（ゾウリムシ）70
parasite（寄生者）45
parasitism（寄生）42
paratyphoid fever（パラチフス）61

Pasteur, L.（パスツール）7
pasteurization（低温殺菌）8, 103
pathogen（病原体）45, 97
pathogenicity（病原性）45
PCB（ポリ塩素化ビフェニル）117
penicillin（ペニシリン）113
Penicillium（アオカビ）83, 107
—— *camemberti* 111
—— *chrysogenum* 113
—— *citrinum* 114
—— *roqueforti* 111
pentose（ペントース）27
peptide bond（ペプチド結合）27
peptidoglycan（ペプチドグリカン）18
periplasm（ペリプラズム）18
permease（パーミアーゼ）17
peroxysome（ペルオキシソーム）21
persistent organic pollutants（残留性有機汚染物質）117
pertussis（百日咳）61
Petri dish（ペトリ皿）10
pH 31
phagocytosis（食作用）20
Phanerochaete 118
phase contrast microscope（位相差顕微鏡）128
phenotype（表現型）34
pheromone（フェロモン）45
Pholiota adiposa（ヌメリスギタケ）84
phosphodiester bond（ホスホジエステル結合）27
photoautotrophs（光合成独立栄養生物）24
photoheterotrophs（光合成従属栄養生物）24
photophosphorylation（光リン酸化）26
photoreactivation（光回復）36
photorepair（光回復）36
photosynthesis（光合成）26
phototrophs（光合成生物）24
phylogenic tree（系統樹）122
phylum（門）49
Physarum polycephalum（モジホコリ）77
Phytophthora infestans（ジャガイモ疫病菌）79
phytoplasma（ファイトプラズマ）63
Pichia 108
pickles（漬け物）111
pilin（ピリン）19
pilus（線毛）19
pinocytosis（飲作用）20
plague（ペスト）61
plankton（プランクトン）40
plasmid（プラスミド）19, 38, 92
plasmodesm(a)（原形質連絡）90
Plasmodiophora brassicae（ネコブカビ）77
Plasmodiophorida（ネコブカビ類）77
Plasmodiophoromytes（ネコブカビ類）77

Plasmodium（マラリア原虫） 69, 102
　　falciparum 99
plasmolysis（原形質分離） 31
plate medium（平板培地） 127
platinum loop（白金耳） 128
pneumonia（肺炎） 63
point mutation（点変異） 34
Poliovirus（ポリオウイルス） 100
polychlorinated biphenyl
　　（ポリ塩化ビフェニル） 117
Polymyxa（ポリミクサ） 77
polyribosome（ポリリボソーム） 21
polysaccharide（多糖類） 113
polysome（ポリソーム） 21
POPs（残留性有機汚染物質） 117
preservative（保存料） 104
pressure（圧力） 32
prion（プリオン） 91, 102
probiotics（プロバイオティクス） 44
prokaryote（原核生物） 3, 17, 56
prophage（プロファージ） 38
Propionibacterium（プロピオン酸菌） 64
　　freudenreichii 111
protein（タンパク質） 27
Proteobacteria（プロテオバクテリア類）
　　　　　　　　　　　　　　　60
protist（原生生物） 3, 51
proto-oncogene（がん原遺伝子） 90
prototroph（原栄養体） 35
protozoa（原生動物） 68
Prusiner, S. B.（プルジナー） 91
Prymnesium 76
Pseudomonas 62, 100, 108, 118
　　aeruginosa（緑膿菌） 62
psittacosis（オウム病） 64
psychrophiles（低温菌） 31
purple nonsulfur bacteria
　　（紅色非硫黄細菌） 60, 61
purple sulfur bacteria（紅色硫黄細菌）
　　　　　　　　　　　　　　　62
putrefaction（腐敗） 103
pyrimidine dimer（ピリミジン二量体）
　　　　　　　　　　　　　　　35
pyruvic acid（ピルビン酸） 25

Q, R

quorum sensing（クオラムセンシング）
　　　　　　　　　　　　　　　45

Rabies virus（狂犬病ウイルス） 102
radiation（放射線） 32, 35
Radiolaria（放散虫類） 70
Radiozoa（放散虫類） 70
raphidophytes（ラフィド藻類） 73
recipient cell（受容細胞） 37
recombination repair（組換え修復） 36
red algae（紅色藻類） 75
Redi, F.（レディ） 7

red tide（赤潮） 40
re-emerging infectious disease
　　（再興感染症） 97
refrigeration（冷蔵） 104
rennet（レンネット） 111
replica (plating) method
　　（レプリカ（プレート）法） 35
resistant mutant（耐性変異体） 35
resolving power（分解能） 128
respiration（呼吸） 26
retrovirus（レトロウイルス） 90
reverse transcriptase（逆転写酵素） 90
rhinovirus（ライノウイルス） 101
Rhizaria（リザリア） 53
Rhizobium 43, 64, 119
　　radiobacter 61, 115
Rhizomucor pusillus 111
Rhizopus（クモノスカビ） 83, 107, 108
Rhodobacter 60
Rhodococcus 113
Rhodocyclus 61
Rhodophyta（紅色藻類） 75
Rhodospirillum 60
ribosome（リボソーム） 18, 21
rickettsia（リケッチア） 60
Rickettsia prowazekii 99
RNA world hypothesis
　　（RNAワールド仮説） 122
rolling circle（ローリングサークル） 91
root nodule（根粒） 43
root-nodule bacteria（根粒菌）
　　　　　　　　　60, 115, 119
rough endoplasmic reticulum
　　（粗面小胞体） 21
Rubella virus（風疹ウイルス） 101
rumen（反芻胃） 44

S

saccharide（糖質） 27
Saccharomyces 108
　　bayanus 108
　　carlsbergensis 109
　　cerevisiae 83, 108, 111
　　pastorianus 109
sake（清酒） 109
Salibacillus marismortui 19
Salmonella enterica（サルモネラ菌） 99
　　serovar Enteritidis 61, 99
　　serovar Paratyphi A 61
　　serovar Typhi（チフス菌） 61, 99
salting（塩漬け） 104
saprophyte（腐生者） 45
satellite nucleic acid（サテライト核酸）
　　　　　　　　　　　　　　　91
satellite virus（サテライトウイルス） 91
scanning electron microscope
　　（走査型電子顕微鏡） 10, 130
schale（シャーレ） 10
Schwann, T.（シュワン） 8

scientific name（学名） 50
scrapie（スクレイピー） 91
scrub typhus（ツツガムシ病） 60
sedimentation coefficient（沈降係数） 18
seishu（清酒） 109
selection（選択） 36
selective medium（選択培地） 128
SEM（走査型電子顕微鏡） 10, 130
septic tank（浄化槽） 117
sewage treatment（下水処理） 116
sex pillus（性線毛） 38
sexually transmitted disease（性感染症）
　　　　　　　　　　　　　　　101
sexual reproduction（有性生殖） 37
shake culture（振盪培養） 128
shellfish poison（貝毒） 74, 100
Shewanella 100
Shigella 99, 100
　　dysenteriae（志賀赤痢菌） 61, 100
Shizosaccharomyces 108
sieve tube（篩管） 90
silage（サイレージ） 112
silica（シリカ） 20
silicone rubber stopper（シリコン栓）
　　　　　　　　　　　　　　　127
single cell protein（単細胞タンパク質）
　　　　　　　　　　　　　　　113
slant medium（斜面培地） 127
sleeping sickness（アフリカ睡眠病） 69
slime layer（粘液層） 18
smallpox virus（痘瘡ウイルス） 101
smooth endoplasmic reticulum
　　（滑面小胞体） 21
SOS repair（SOS修復） 36
soy sauce（醤油） 110
Spallanzani, L.（スパランツァーニ） 7
specialized transduction（特殊形質導入）
　　　　　　　　　　　　　　　38
species（種） 49
spike（スパイク） 23
Spirochaetae（スピロヘータ類） 64
Spiroplasma（スピロプラズマ） 45, 63
spirulina（スピルリナ） 114
Spirulina（スピルリナ） 60
spoilage（変敗） 103
spontaneous generation（自然発生説） 7
spore（芽胞） 8, 19, 62
spore（胞子） 29, 76
staining（染色法） 129
Stanley, W. M.（スタンリー） 86
Staphylococcus（ブドウ球菌） 63
　　aureus（黄色ブドウ球菌）
　　　　　　　　　　　　　63, 100
static culture（静置培養） 128
STD（性感染症） 101
sterilization（滅菌） 7, 103, 131
Stigmatella 62
　　aurantiaca 62
Stramenopile（ストラメノパイル） 53
Stramenopiles-Alveolata-Rhizaria
　　（SAR） 53

streak method（画線法） 10, 128
Streptococcus 63, 108
── *pneumoniae*（肺炎レンサ球菌） 63, 99
── *pyogenes*（A群β溶血性レンサ球菌） 63
streptomyces（ストレプトミケス） 64
streptomycin（ストレプトマイシン） 113
stroma（ストロマ） 21
subculture（継代） 36, 131
substrate-level phosphorylation（基質レベルのリン酸化） 25
subsurface（地下） 41
sugaring（砂糖漬け） 104
sulfate-reducing bacteria（硫酸還元細菌） 62
Sulfolobus（スルフォロブス） 67
sulfur bacteria（硫黄細菌） 61
supergroup（スーパーグループ） 51
symbiosis（共生） 42
Synchytrium（シンキトリウム） 82
Synechococcus 60
synonymous mutation（同義変異） 34
syphilis（梅毒） 64

T

Tatum, E. L.（テータム） 11
taxon（分類群） 49
taxonomy（分類学） 49
TBZ（チアベンダゾール） 105
teleomorph（テレオモルフ） 81
TEM（透過型電子顕微鏡） 10, 130
temperate phage（溶原性ファージ） 38
temperature（温度） 31
temperature sensitive mutant（温度感受性変異体） 35
Tenericutes（テネリクテス類） 63
termite（シロアリ） 43
tetanus（破傷風） 63
Tetragenococcus halophilus 110
tetrodotoxin（テトロドトキシン） 100
Thermococcus（テルモコックス） 66
thermophiles（好熱菌） 31
Thermoplasma（テルモプラズマ） 67
Thermoproteus（テルモプロテウス） 67
Thermus aquaticus 31, 59
Thiobacillus 61
thylakoid（チラコイド） 21

TMV（タバコモザイクウイルス） 86
TOC（全有機炭素） 116
Torula 108
total organic carbon（全有機炭素） 116
Toxoplasma gondii（トキソプラズマ） 69
trace element（微量元素） 30
trachoma（トラコーマ） 64
transcription（転写） 27
transduction（形質導入） 38
transfection（トランスフェクション） 37
transformation（形質転換） 11, 37
translation initiation（翻訳開始） 27
transmission electron microscope（透過型電子顕微鏡） 10, 130
transporter（輸送体） 17
transposable element（転移因子） 38, 92
transposase（トランスポザーゼ） 38
transposon（トランスポゾン） 38, 92
trehalose（トレハロース） 113
Treponema pallidum（梅毒トレポネーマ） 65, 99
Trichomonas vaginalis（膣トリコモナス） 68, 99
trichomoniasis（トリコモナス症） 68
Tridacninae（シャコガイ） 43
Trypanosoma 69
── *brucei*（トリパノソーマ原虫） 69, 99, 102
ts mutant（温度感受性変異体） 35
tuberculosis（結核） 64
tube worm（ハオリムシ） 41
Tyndall, J.（ティンダル） 8
typhoid fever（腸チフス） 61

U〜Z

ultra-high-temperature sterilization（超高温瞬間殺菌） 103
ultraviolet（紫外線） 32, 35, 104
uncoating（脱殻） 89
use by date（消費期限） 104
UV（紫外線） 32, 35, 104

vaccine（ワクチン） 97
vacuole（液胞） 21
vancomycin-resistant *Enterococcus*（バンコマイシン耐性腸球菌） 113

Variola virus（痘瘡ウイルス） 101
vector（ベクター） 114
vertical transmission（垂直伝播） 37
vesicular-arbuscular mycorrhiza（VA菌根） 42
Vibrio 62, 100
── *cholerae*（コレラ菌） 31, 62, 99, 100
── *parahaemolyticus*（腸炎ビブリオ） 62, 99
Vibrio parahaemolyticus infection（腸炎ビブリオ症） 62
vinegar（食酢） 111
viral vector（ウイルスベクター） 90
Virgibacillus pantothenticus 19
virion（ビリオン） 22, 88
viroid（ウイロイド） 91
virulence（ビルレンス） 45
virulent phage（毒性ファージ） 38
virus（ウイルス） 3, 86
virus particle（ウイルス粒子） 22, 88
vitamin（ビタミン） 30
Volvox carteri（オオヒゲマワリ） 75
VRE（バンコマイシン耐性腸球菌） 113

water pollution（水質汚染） 116
Whittaker, R. H.（ホイッタカー） 51
wild type（野生型） 35
wine（ワイン） 108
Winogradsky, S. N.（ヴィノグラドスキー） 10
Woese, C. R.（ウーズ） 51, 122
Wolbachia（ボルバキア） 45, 60

xanthan gum（キサンタンガム） 113
Xanthomonas campestris 113
xylan（キシラン） 20

Yellow fever virus（黄熱ウイルス） 102
Yersinia pestis（ペスト菌） 61, 99, 102
yog(h)urt（ヨーグルト） 111

zoonosis（人獣共通感染症） 102
zoospore（遊走子） 77
zoosporic fungi（鞭毛菌類） 78
zooxanthellae（褐虫藻） 74
zygomycetes（接合菌類） 81
Zygosaccharomyces rouxii 32, 110
zygospore（接合胞子） 83
Zymomonas 61
── *mobilis* 108

大_{おお} 木_き　理_{さとし}
　　1951 年　横浜市に生まれる
　　1974 年　東京大学農学部 卒
　　1979 年　同大学院農学系研究科博士課程 修了
　　大阪府立大学名誉教授
　　専門　植物病理学，植物ウイルス学
　　農 学 博 士

第 1 版 第 1 刷 2016 年 1 月 27 日 発行
第 3 刷 2022 年 3 月 18 日 発行

微 生 物 学

Ⓒ 2016

著　者　大　木　理
発 行 者　住　田　六　連
発　　行　株式会社 東京化学同人
　　　東京都文京区千石 3 丁目 36-7（〒112-0011）
　　　電話 （03）3946-5311・FAX （03）3946-5317
　　　URL: http://www.tkd-pbl.com/

印　刷　新日本印刷株式会社
製　本　株式会社 松岳社

ISBN 978-4-8079-0885-1
Printed in Japan
無断転載および複製物（コピー，電子データなど）の無断配布，配信を禁じます．